T0222974

Wissenschaftliche Reihe Fahrzeugtechnik Universität Stuttgart

Reihe herausgegeben von
Michael Bargende, Stuttgart, Deutschland
Hans-Christian Reuss, Stuttgart, Deutschland
Jochen Wiedemann, Stuttgart, Deutschland

Das Institut für Verbrennungsmotoren und Kraftfahrwesen (IVK) an der Universität Stuttgart erforscht, entwickelt, appliziert und erprobt, in enger Zusammenarbeit mit der Industrie, Elemente bzw. Technologien aus dem Bereich moderner Fahrzeugkonzepte. Das Institut gliedert sich in die drei Bereiche Kraftfahrwesen, Fahrzeugantriebe und Kraftfahrzeug-Mechatronik. Aufgabe dieser Bereiche ist die Ausarbeitung des Themengebietes im Prüfstandsbetrieb, in Theorie und Simulation. Schwerpunkte des Kraftfahrwesens sind hierbei die Aerodynamik, Akustik (NVH), Fahrdynamik und Fahrermodellierung, Leichtbau, Sicherheit, Kraftübertragung sowie Energie und Thermomanagement – auch in Verbindung mit hybriden und batterieelektrischen Fahrzeugkonzepten. Der Bereich Fahrzeugantriebe widmet sich den Themen Brennverfahrensentwicklung einschließlich Regelungs- und Steuerungskonzeptionen bei zugleich minimierten Emissionen, komplexe Abgasnachbehandlung, Aufladesysteme und -strategien, Hybridsysteme und Betriebsstrategien sowie mechanisch-akustischen Fragestellungen. Themen der Kraftfahrzeug-Mechatronik sind die Antriebsstrangregelung/Hybride, Elektromobilität, Bordnetz und Energiemanagement, Funktions- und Softwareentwicklung sowie Test und Diagnose. Die Erfüllung dieser Aufgaben wird prüfstandsseitig neben vielem anderen unterstützt durch 19 Motorenprüfstände, zwei Rollenprüfstände, einen 1:1-Fahrsimulator, einen Antriebsstrangprüfstand, einen Thermowindkanal sowie einen 1:1-Aeroakustikwindkanal. Die wissenschaftliche Reihe „Fahrzeugtechnik Universität Stuttgart" präsentiert über die am Institut entstandenen Promotionen die hervorragenden Arbeitsergebnisse der Forschungstätigkeiten am IVK.

Reihe herausgegeben von

Prof. Dr.-Ing. Michael Bargende
Lehrstuhl Fahrzeugantriebe
Institut für Verbrennungsmotoren und
Kraftfahrwesen,
Universität Stuttgart
Stuttgart, Deutschland

Prof. Dr.-Ing. Hans-Christian Reuss
Lehrstuhl Kraftfahrzeugmechatronik
Institut für Verbrennungsmotoren und
Kraftfahrwesen,
Universität Stuttgart
Stuttgart, Deutschland

Prof. Dr.-Ing. Jochen Wiedemann
Lehrstuhl Kraftfahrwesen
Institut für Verbrennungsmotoren und
Kraftfahrwesen,
Universität Stuttgart
Stuttgart, Deutschland

Weitere Bände in der Reihe http://www.springer.com/series/13535

Raphael Pfeil

Methodischer Ansatz zur Optimierung von Energieladestrategien für elektrisch angetriebene Fahrzeuge

Springer Vieweg

Raphael Pfeil
IVK Fakultät 7, Lehrstuhl für
Kraftfahrzeugmechatronik
Universität Stuttgart
Stuttgart, Deutschland

Zugl.: Dissertation Universität Stuttgart, 2018

D93

ISSN 2567-0042   ISSN 2567-0352   (electronic)
Wissenschaftliche Reihe Fahrzeugtechnik Universität Stuttgart
ISBN 978-3-658-25862-7   ISBN 978-3-658-25863-4   (eBook)
https://doi.org/10.1007/978-3-658-25863-4

Die Deutsche Nationalbibliothek verzeichnet diese Publikation in der Deutschen National-
bibliografie; detaillierte bibliografische Daten sind im Internet über http://dnb.d-nb.de abrufbar.

Springer Vieweg ist ein Imprint der eingetragenen Gesellschaft Springer Fachmedien Wiesbaden GmbH
und ist ein Teil von Springer Nature
Die Anschrift der Gesellschaft ist: Abraham-Lincoln-Str. 46, 65189 Wiesbaden, Germany

Vorwort

Die vorliegende Arbeit entstand während meiner Tätigkeit als wissenschaftlicher Mitarbeiter und Projektleiter am Forschungsinstitut für Kraftfahrwesen und Fahrzeugmotoren Stuttgart (FKFS). Die Grundlagen dieser Arbeit bildete das vom Bundesministerium für Verkehr und digitale Infrastruktur geförderte Projekt GuEST. Allen am Projekt beteiligten Kollegen am FKFS, dem Zentrum für Interdisziplinäre Risiko- und Innovationsforschung der Universität Stuttgart, der Robert Bosch GmbH, der DEKRA Automobil GmbH, der Taxi-Auto-Zentrale Stuttgart e.G. und der als assoziierten Partner beteiligten Daimler AG danke ich für die gute Zusammenarbeit.

Mein besonderer Dank gilt Herrn Prof. Dr.-Ing. Hans-Christian Reuss, dem Leiter des Lehrstuhls Kraftfahrzeugmechatronik und Vorstandsmitglied des FKFS, für das Ermöglichen dieser Dissertation und die Betreuung sowie Förderung meiner Arbeit. Frau Prof. Dr.-Ing. Nejila Parspour danke ich für die freundliche Übernahme des Mitberichts.

Des Weiteren bedanke ich mich bei allen Mitarbeitern und Kollegen des FKFS und des Instituts für Verbrennungsmotoren und Kraftfahrwesen (IVK), insbesondere herzlich bei meinen Kolleginnen und Kollegen der Kraftfahrzeugmechatronik sowie meinem Bereichsleiter Dr.-Ing. Michael Grimm. Ebenso bedanke ich mich bei den Bearbeitern der Studien- und Abschlussarbeiten sowie bei den hilfswissenschaftlichen Mitarbeitern für ihre Unterstützung.

Abschließend möchte ich mich ganz herzlich bei meiner Partnerin Stephanie Conrad, meiner Familie und meinen Freunden für ihre geduldige Unterstützung bedanken.

Raphael Julius Pfeil

Inhaltsverzeichnis

Abbildungsverzeichnis

Tabellenverzeichnis

Abkürzungen und Formelzeichen

Abkürzungen

AC	Alternating Current
Antr	Antrieb
BEV	Battery Electric Vehicle
BP	Betriebsparameter
BW	Beschleunigungswiderstand
C2C	Car-to-Car Communication
C2I	Car-to-Infrastructure Communication
CO	Kohlenmonoxid
CO2	Kohlendioxid
COLOMBO	Cooperative Self-Organizing System for low Carb on Mobility at low Penetration Rates
D	Depot
DC	Direct Current
DLR	Deutsches Zentrum für Luft und Raumfahrt
DVS	Dynamische Vorwärtssimulation
dyn	dynamisch
EA	Evolutionäre Algorithmen
ED	Electric Drive
EmiL	Elektromobilität mittels induktiver Ladung
FKFS	Forschungsinstitut für Kraftfahrwesen und Fahrzeugmotoren Stuttgart
FMS	Flottenmanagementsystem
Fzg	Fahrzeug
GBZ	Gesamtbetriebszeit
GPS	Global Positioning System
GuEST	Gemeinschaftsprojekt Nutzungsuntersuchung Elektrotaxis Stuttgart
GUI	Graphical User Interface
GVRP	Green Vehicle Routing Problem
HBEFA	Handbuch für Emissionsfaktoren
Hbf	Hauptbahnhof

HC	Kohlenwasserstoff
HEV	Hybrid Electric Vehicle
HV	Hoch Volt
ICEV	Internal Combustion Engine Vehicle
IEC	International Electrotechnical Commission
It	Iteration
Kfz	Kraftfahrzeug
KRS	Kinematische Rückwärtssimulation
Lkw	Lastkraftwagen
LP	Ladepunkt
LSA	Lichtsignalanlage
LUT	Look-up-Table
LV	Ladevorgang
LW	Luftwiderstand
MB	Mercedes Benz
MOPSO	Multiple Objective Particle Swarm Optimization
NEFZ	Neuer Europäschier Fahrzyklus
NN	Normalnull
NO	Stickoxid
NSGA	Non-dominated Sorting Genetic Algorithm
NSGA-II	Non-dominated Sorting Genetic Algorithm II
NV	Nebenverbraucher
OBD	On-Board-Diagnose
OCV	Open Circuit Voltage
ODX	Open Diagnose Data Exchange
OP	Optimierungsparameter
OSM	OpenSteetMap
P	Passagier
PBefG	Personenbeförderungsgesetz
PESA	Pareto Envelope-based Selection Algorithm
PESA-II	Pareto Envelope-based Selection Algorithm II
PHEM	Passenger Car and Heavy Duty Emission Model
Pkw	Personenkraftwagen
PM	Partikel
POI	Points of Interest
Pop	Population
PSO	Partikel Schwarm Optimierung
RB	Randbedingung

RS	Rückwärtssimulation
RW	Rollwiderstand
SOC	State-of-Charge
SOH	State-of-Health
SRTM	Shuttle Radar Topography Mission
StW	Steigungswiderstand
SUMO	Simulation of Urban MObility
SW	Schlupfwiderstand
TAZ	Taxi Auto Zentrale
TCO	Total Cost of Ownership
TCP	Transmission Control Protocol
temp	temporär
th	theoretisch
TP	Taxiplatz
Tr	Triebstrang
TraCI	Traffic Control Interface
TrV	Triebstrangverluste
TV-MOPSO	Time Variant Multiple Objective Particle Swarm Optimization
VRP	Vehicle Routing Problem
VS	Vorwärtssimulation
VT	Verkehrsteilnehmer
ZA	Zellulare Automaten
ZL	Zwischenladen
ZLV	Zwischenladevorgang

Formelzeichen

Zeichen	Einheit	Beschreibung
A_{Fzg}	m^2	Stirnfläche des Fahrzeugs
a_{Fzg}	m/s^2	Fahrzeugbeschleunigung
C	Ah	Kapazität
C_1	-	Kognitiver Gewichtungsfaktor der Individuen
C_{1t}	-	Zeitabhängige kognitiver Gewichtungsfaktor der Individuen
C_2	-	Sozialer Gewichtungsfaktor der Individuen
C_{2t}	-	Zeitabhängiger sozialer Gewichtungsfaktor der Individuen
C_n	Ah	Nennkapazität
c_w	-	Luftwiderstandsbeiwert
d	m	Distanz
e	-	Massenträgheitsfaktor
E_{Ent}	Wh	Entladeenergie
E_{Lade}	Wh	Ladeenergie
e_{th}	-	Theoretischer Massenträgheitsfaktor
E_{Verb}	Wh	Energieverbrauch
f_R	-	Rollwiderstandsbeiwert
$F_{Z,Rad}$	N	Zugkraft am Rad
g	m/s^2	Erdbeschleunigung
h	m	Höhe
I	kgm^2	Massenträgheitsmoment
i_0	-	Getriebeübersetzung im höchsten Gang
I_{BAT}	A	Batteriestrom
i_G	-	Getriebeübersetzung
I_{redRad}	kgm^2	Reduziertes Massenträgheitsmoment des Antriebsstrangs auf die Raddrehzahl
L	H	Induktivität
M_{Antr}	Nm	Antriebsmoment
m_{Fzg}	kg	Fahrzeugmasse
n_{Iter}	-	Anzahl der Iterationsschritte
n_{Pop}	-	Anzahl der Individuen einer Population
n_{Rad}	min^{-1}	Raddrehzahl
P_{Anf}	W	Leistungsanforderung

Zeichen	Einheit	Beschreibung
P_{Antr}	W	Antriebsleistung
P_{BAT}	W	Elektrische Leistung der Batterie
P_{BW}	W	Beschleunigungswiderstandsleistung
P_{LW}	W	Luftwiderstandsleistung
P_{NV}	W	Leistung der Nebenverbraucher
P_{Rad}	W	Radleistung
P_{RW}	W	Rollwiderstandsleistung
P_{StW}	W	Steigwiderstandsleistung
P_{SW}	W	Schlupfwiderstandsleistung
P_{TrV}	W	Triebstrang Verlustleistung
R	Ω	Widerstand
R_i	Ω	Innenwiderstand
$r_{Rad,dyn}$	m	Dynamischer Radhalbmesser
SOC_{min}	%	Minimaler Ladezustand
t_{GBZ}	s	Gesamtbetriebszeit
t_{LV}	s	Zeitdauer des Ladevorgangs
t_{Opti}	s	Zeitbedarf der Optimierung
T_{Umg}	°C	Umgebungstemperatur
U_i	V	Spannungsabfall am Innenwiderstand
U_{OCV}	V	Leerlaufspannung
U_{Rad}	m	Radumfang
v_{Fzg}	m/s	Fahrzeuggeschwindigkeit
$v_{Fzg,th}$	m/s	Theoretische Fahrzeuggeschwindigkeit
v_i	-	Geschwindigkeit des Individuums
w	-	Trägheit der Individuen
w_t	-	Zeitabhängige Trägheit der Individuen
x_{gOpti}	-	Position des globalen Optimums
x_i	-	Position des Individuums
x_{pOpti}	-	Position des persönlichen Optimums
α_{Fa}	%	Fahrpedalstellung
α_{St}	Grad	Steigungswinkel
β_{Br}	%	Bremspedalstellung
η	-	Wirkungsgrad
η_{BAT}	-	Batterie-Wirkungsgrad
η_{Tr}	-	Triebsstrang-Wirkungsgrad
λ_S	-	Reifenschlupf
ω	rad/s	Winkelgeschwindigkeit

Zeichen	Einheit	Beschreibung
ω_{Antr}	rad/s	Winkelgeschwindigkeit im Antriebsstrang
$\dot{\omega}$	rad/s^2	Winkelbeschleunigung
ρ_{Luft}	kg/m^3	Dichte der Luft
Δt_{Sim}	s	Schrittweite der Simulation
Δs	m	Länge des Streckenabschnitts
χ_{OP}	-	Optimierungsparametersatz
Δt	s	Schrittweite
ζ_{LV}	%	SOC-Schwelle zum Laden

Kurzfassung

Beim Einsatz von rein elektrisch gegenüber konventionell angetriebenen Fahrzeugen sind technologisch bedingt neue Betriebsbedingungen und Herausforderungen zu berücksichtigen und zu bewältigen. Zu diesen zählen u. a. die zurzeit kürzere Reichweite und längere Ladedauer. Für einen erfolgreichen Einsatz von elektrisch angetriebenen Fahrzeugen bei gleichbleibender oder höheren Auslastung und damit Wirtschaftlichkeit pro Fahrzeug ist eine betriebsspezifische Optimierung der Energieladestrategie notwendig.

Im Rahmen dieser Dissertation wird ein methodischer Ansatz zur Optimierung von Energieladestrategien für elektrisch angetriebene Fahrzeuge entwickelt. Der Ansatz berücksichtigt ganzheitlich die Betriebsparameter bei der Analyse des Einflusses dieser auf den Energieverbrauch und der Modellierung der relevanten Parameter. Bisherige Ansätze berücksichtigten dabei meist nur einen Teil der Betriebsparameter oder bedienen sich statistischer Mittelwerte aus einem entsprechend großen Zeitraum. In diesem Ansatz werden sowohl die äußeren Parameter wie Umwelt, Infrastruktur und Nutzung, als auch die inneren der Fahrzeugsubsysteme in der Simulation und Optimierung detailliert berücksichtigt. Gerade in topologisch anspruchsvollen Gebieten und bei jahreszeitlich schwankenden Umgebungstemperaturen, wie im Raum Stuttgart, ist die Ergebnis- und Optimierungsqualität erheblich von dem Detaillierungsgrad der Modellierung abhängig. Für die Ladestrategie relevanten Optimierungsparameter werden die Ladezeit und Ladezustands-Schwelle identifiziert. Das eingesetzte multikriterielle Optimierungsverfahren ist in der Lage, diese Optimierungsparameter für dynamische Betriebsabläufe, wie z. B. den Taxibetrieb, effizient zu optimieren. Die modulare Umsetzung des Simulations- und Optimierungs-Frameworks ermöglicht einen variablen Einsatz bei der Durchführung von Betriebsparameterstudien mit betriebsparameterabhängigen Schwerpunkten.

Die Ergebnisse der exemplarischen Anwendung der Methode am Beispiel E-Taxi zeigen die variablen Einsatzmöglichkeiten dieser zur Identifikation des Optimierungspotentials der Energieladestrategie für die äußeren Betriebsparameter auf. Die Optimierung der Ladestrategie des E-Taxibetriebs ist sowohl von der Infrastruktur, gerade was die Verfügbarkeit von Ladepunkten am und außerhalb des Taxiplatzes betrifft, als auch von der Nutzung dieser abhängig. Die resultierenden Optimierungsergebnisse sind die pareto-optimalen Kompromisse der Verbesserung des Ladezustands respektive Restreichweite zur Gesamtbetriebszeit inkl. Ladezeit. Es wird gezeigt, dass es mit der geeigneten Ladestrategie möglich ist, mit geringen Einbußen bezüglich der Gesamtbetriebszeit die Restreichweite um 30 Kilometer signifikant zu erhöhen.

Abstract

The use of battery-powered electric vehicles has created new operating conditions and challenges compared to conventional vehicles, which must be thoroughly considered and overcome. These include, for example, the currently shorter range and longer charging time. For effective use of battery-powered electric vehicles with constant or high capacity utilization – and thus economic efficiency per vehicle – operation-specific optimization of the energy charging strategy is required.

This dissertation proposes an optimization approach for energy charging strategies for battery-powered electric vehicles. This approach considers the operating parameters holistically; analysing their influence on energy consumption and modelling the relevant parameters. Previous approaches usually only considered some of the operating parameters, or used average values from statistical data over an appropriately long period. In this approach, both the external parameters (such as environment, infrastructure and usage) as well as the subsystems within the vehicle are considered in detail in the simulation and optimization. Particularly for topologically-demanding areas and seasonally-fluctuating ambient temperatures, such as in the Stuttgart region, the quality of the results and optimization depends significantly on how detailed the model is. The optimization parameters relevant for the charging strategy are charging time and the state of charge threshold. The multi-criteria optimization method used is able to efficiently optimize these parameters for dynamic operating procedures, such as taxi operation. The modular structure of the simulation and optimization framework enables variable application when carrying out operating parameter studies with a focus on operating parameters.

The results when the method is applied in the example of a battery-powered electric taxi (e-taxi) demonstrate the varied possibilities for identifying optimization potential in the energy charging strategy for the external operating parameters. Optimizing the charging strategy for e-taxi operation depends on the infrastructure; not only the availability of charging points at and beyond the taxi rank, but also how these are used. The optimization results are Pareto-optimal compromises between the improvement in the state of charge or the remaining range and the total operating time including the charging time. It is shown that, using the appropriate charging strategy, it is possible to significantly increase the remaining range by 30 km with a minimal loss regarding the total operating time.

1 Einleitung

Zur Einleitung in diese Arbeit wird im Unterkapitel 1.1 die Bedeutung der Elektromobilität in Bezug zur Mobilität im Allgemeinen erörtert. Darauf folgt die kritische Gegenüberstellung dieser mit konventionell angetriebenen Fahrzeugen (Fzg). Anschließend wird im Unterkapitel 1.3 das Themengebiet dieser Arbeit abgegrenzt und im darauffolgenden die Forschungsfragen formuliert sowie die Zielsetzung festgelegt. Im letzten Abschnitt 1.5 wird ein Überblick über den Inhalt dieser Arbeit gegeben.

1.1 Bedeutung der Elektromobilität

Schon seit Beginn des Automobilzeitalters im 19. Jahrhundert ist die elektrische Antriebstechnologie zum Vortrieb von Kraftfahrzeugen (Kfz) bekannt. Der Grund für das über lange Zeit andauernde Nischendasein gegenüber dem konventionellen Antrieb ist die deutlich geringe Energiedichte von elektrochemischen gegenüber fossilen Energiespeichern. Selbst aktuelle Li-Ionen Batterien[1] haben eine um den Faktor 100 geringere Energiedichte als Diesel oder Benzin [1, 2]. So konnte sich der Antrieb mit Verbrennungsmotor trotz des deutlich höheren Wirkungsgrads des Elektroantriebs flächendeckend durchsetzen. Die Ölkrise in den 70ern rückte die Elektromobilität für eine kurze Zeit in den Fokus der Öffentlichkeit und Politik. An dem Angebot von Elektrofahrzeugen, sowie den Zulassungszahlen und der Marktdurchdringung, gab es in dieser Zeit keine signifikanten Änderungen zu Gunsten der Elektromobilität. Erst durch die Thematik der Klimaerwärmung und den starken Umweltbelastungen in den urbanen Lebensräumen steht beim Thema Mobilität ein Paradigmenwechsel hin zur Elektromobilität bevor. Die Politik setzt sich massiv mit Forschungsförderprogrammen, Kaufsubventionen und Steuervergünstigungen für die Elektromobilität ein [3]. Die Automobilhersteller investieren in Forschung und Entwicklung und erhöhen das Fahrzeugangebot von rein batterieelektrisch

---

[1]Als Batterien werden fortan mehrere verbundene Zellen, die elektrische Energie ab- und aufnehmen (Ent- und Laden) können bezeichnet. Der Begriff Akkumulator wird aufgrund des im Sprachgebrauch geläufigeren Begriffs Batterie nicht verwendet.

© Springer Fachmedien Wiesbaden GmbH, ein Teil von Springer Nature 2019
R. Pfeil, *Methodischer Ansatz zur Optimierung von Energieladestrategien für elektrisch angetriebene Fahrzeuge*, Wissenschaftliche Reihe Fahrzeugtechnik Universität Stuttgart, https://doi.org/10.1007/978-3-658-25863-4_1

angetriebenen Fahrzeugen (BEV). Die Kunden kaufen regional abhängig vermehrt BEV und die Technologie gewinnt kontinuierlich Marktanteile [4].

Für eine Substitution des Verbrennungsmotors durch den Elektroantrieb sprechen diverse Vorteile. Technologisch gesehen haben BEV z. b. einen höheren Wirkungsgrad und emittieren lokal keine klimaschädlichen Gase wie z. B. CO_2 oder gesundheitsschädliche Stickoxide [5]. Darüber hinaus reduzieren diese auch die Feinstaub- und Geräuschemissionen. Aufgrund der positiven Wirkung hinsichtlich der Luftemissionen ist die Elektromobilität ein Baustein der von Deutschland forcierten Energiewende. Elektrofahrzeuge können dabei als Energieverbraucher und -speicher fungieren und Versorgungsspitzen wie -engpässe der weitgehendste wetterabhängigen Stromerzeugung durch erneuerbare Energien ausgleichen. Des Weiteren verringern sich die Abhängigkeiten von fossilen Brennstoffen wie Erdöl. Ökonomisch betrachtet sind die Betriebskosten von Elektroautos im Vergleich zu Fahrzeugen mit Verbrennungsmotoren geringer. Nach Hacker et al. lag der Break-Even-Point von BEV mittlerer Größe im Jahr 2014 bei einer Jahreslaufleistung von 30.000 km. Einer der Hauptkostentreiber von BEV ist die HV-Batterie [6]. In den letzten sechs Jahren konnten die Kosten für die Hochvolt (HV)-Batterie um 80 % reduziert werden [7]. Diesen Prognosen zu folgen wird dieser im Jahr 2020 u. a. aufgrund geringeren Batteriekosten bei 8.000 km liegen, wodurch sich die ökonomischen Vorteile der BEV weiter verbessern.

Es gibt jedoch Gründe, die gegen eine schnelle Substitution der konventionellen Antriebstechnologie sprechen. Die Herausforderungen der technisch veränderten Randbedingungen werden im nächsten Unterkapitel detailliert erörtert. Neben den technischen sind sozialen Gründe zu nennen, welche die Substitution hemmen können. Canzler und Marz betonen die Notwendigkeit, bei der Einführung einer neuen Technologie über die Vor- und Nachteile informiert zu sein [8]. Entscheidend ist zudem, wie mit diesem Wissen umgegangen wird. Überwiegen die Vorteile einer neuen Technologie, erhöht eine transparente und nachvollziehbare Informationspolitik die Chancen der Akzeptanz und Marktdurchdringung. Die Politik hat in den letzten Jahren versucht, diesen Prozess durch öffentlich geförderte Projekte, die eine starke Öffentlichkeitswirkung hervorrufen, zu unterstützen. Exemplarisch zu nennen ist hier das Projekt „Gemeinschaftsprojekt Nutzungsuntersuchungen von Elektrotaxis in Stuttgart" (GuEST). Die Ergebnisse dieses Projekts zeigen, dass zusätzlich zur transparenten Informationspolitik die Nutzer beim Umgang und Anpassungen an die neuen Randbedingen unterstützt werden müssen [9, 10]. Dabei ist es wichtig,

die technischen Herausforderungen zu analysieren und zu optimieren, was Teil
dieser Arbeit ist.

1.2 Problemstellung

Wie im vorherigen Abschnitt angedeutet gibt es technologisch bedingt verän-
derte Betriebsbedingungen von elektrisch gegenüber konventionell angetriebenen Fahrzeugen. Nach Karle [5] und Döring et al. [11] sind dies u. a. die
geringere Reichweite und die längere Ladedauer des Energiespeichers. Zudem
reduziert der Einsatz der Nebenverbraucher wie z. B. die Klimatisierung die
verfügbare Reichweite bei BEV deutlich stärker. Die Tabelle 1.1 listet auszugsweise die Reichweiten und Ladezeiten von drei BEV und zur Gegenüberstellung von einem verbrennungsmotorisch angetriebenen Fzg (ICEV) auf. Die
Ladezeit ist vom Ladezustand bzw. State-of-Charge (SOC) der Batterie und
der Ladeleistung abhängig. Für BEV ist diese bis zu einem SOC von ca. 80 %
angegeben. Bis zu diesem SOC muss die Ladeleistung aus Bauteilschutzgründen nicht oder nur geringfügig reduziert werden, wodurch das Verhältnis von
Ladeenergie zu Ladezeit entsprechend größer als beim Laden der letzten 20 %
ist. Daher geben die Hersteller oft nur die Ladezeit bis zum SOC von 80 % an.

Tabelle 1.1: Vergleich von Reichweiten (NEFZ) und Ladezeiten [12–16]. Angabe
der Ladezeiten für BEV bis SOC ≈ 80 %.

Fahrzeug	Reichweite in km	Min. Ladezeit
MB B-Klasse 180 d (ICEV)	1020	5 min
MB B-Klasse ED	200	2 h
BMW i3	300	39 min
Tesla Model S 90D	557	30 min

Für das ICEV wird eine Tankzeit von fünf Minuten angenommen. Der Unterschied der Reichweite zwischen dem ICEV und in dieser Hinsicht im Jahr
2017 sehr leistungsfähigen BEV, dem Tesla Model S 90D, beträgt ca. -45 % bei
einer um mindestens sechs mal längeren Ladezeit. Um die Ladezeit des Teslas
zu erreichen, sind so genannte „Tesla Supercharger" notwendig, deren Verfügbarkeit regional abhängig ist. Allgemein ist das Netz der Ladeinfrastruktur in

Deutschland zurzeit noch grobmaschig [6]. Große Unterschiede bestehen zwischen dem urbanen und ländlichen Raum. Die Stadt Stuttgart weist z. B. in Deutschland die dichteste Versorgung mit 384 öffentlich zugänglichen Ladepunkten[2] (LP) auf [17]. In ländlichen Gebieten sind hingegen zum Teil wenige bis gar keine öffentlich zugängliche LP verfügbar [18]. Ob das Ladeinfrastrukturprogramm „Elektromobilität" der grün-schwarzen Landesregierung in Baden-Württemberg, in dem zusätzlich 2000 neue LP installiert werden sollen, diese Unterschiede ausgleicht, wird sich erst noch zeigen [19]. Diese veränderten Randbedingungen stellen eine Herausforderung für den Betrieb von BEV dar. Sozialwissenschaftliche Untersuchungen kommen zu dem Ergebnis, dass u. a. die Reichweite und Ladeinfrastruktur bei BEV Hemmnisse der Akzeptanz und der damit verbundenen Kaufbereitschaft sowie Marktdurchdringung sind [20–22]. Die Bedenken der Nutzer sind, dass die durch ICEV gewohnte Mobilität durch den Einsatz mit BEV nicht aufrecht gehalten werden kann. Hinzu kommt, dass dieses subjektive Empfinden pauschaliert wird und eine objektive Analyse meist nicht gegeben ist. Bei gewerblichen Nutzern spielt darüber hinaus die Wirtschaftlichkeit und die damit verbundene Rentabilität bezüglich der Akzeptanz eine starke Rolle.

1.3 Abgrenzung

In diesem Abschnitt wird das Themengebiet dieser Arbeit abgegrenzt. Dazu wird das Transportwesen in Transportmedium, -mittel und -objekt unterteilt. Nach Ammoser wird als Transport die physikalische Standortveränderung von Transportobjekten mittels eines Verkehrsmittels in einem Transportmedium bezeichnet [23]. Die Abbildung 1.1 zeigt die schematische Darstellung des Transportwesens sowie die genannte Unterteilung. Beim Transportmedium wird zwischen Land, Wasser und Luft unterschieden. Zu den Transportmitteln zählen weggebundene Kfz, spurgebundene Züge und nicht weg- und spurgebundene Schiffe sowie Flugzeuge. Aus Gründen der Vollständigkeit sind hier auch noch Raumfahrzeuge und Unterseeboote zu nennen, welche eine untergeordnete Rolle im Transportwesen einnehmen und in der Abbildung 1.1 nicht aufgeführt sind. Bei Transportobjekten wird zwischen Personen und

---

[2]Als Ladepunkte werden in dieser Arbeit alle Lademöglichkeiten bezeichnet.

Gütern unterschieden. In dieser Arbeit werden weggebundene Kfz, die Personen oder Güter auf dem Landweg transportieren, untersucht und optimiert. Der von Kfz genutzte und planmäßig angelegte Weg wird im Folgenden als Straße bezeichnet.

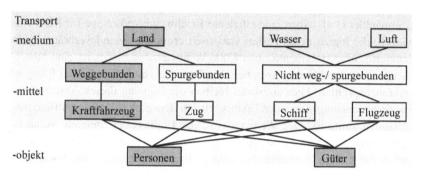

Abbildung 1.1: Abgrenzung des Transportwesens nach [23]

Moderne Kraftfahrzeugflotten werden meist durch Flottenmanagementsysteme organisiert und koordiniert. Die Anwendungsgebiete reichen von der Disponierung im Güterverkehr bis hin zu hoch dynamischen Vermittlungen von Kundenanfragen im Taxigewerbe. Darüber hinaus werden Einsatz- und Routenplanung sowie persönliche Fahrprofile optimiert. Für die Anwendung mit BEV müssen diese Systeme daher in der Lage sein, die Reichweite unter Berücksichtigung aller Betriebsparameter abschätzen und in die Optimierung mit einbeziehen zu können. Die optimierte Einsatz- und Routenplanung von konventionell angetriebenen Fahrzeugen wird schon seit Mitte des 20. Jahrhunderts erforscht und in der Fachliteratur als „Vehicle Routing Problem" (VRP) bezeichnet [24, 25]. Das VRP gehört zu der Familie des „Traveling Salesman Problem", in der die Hauptaufgabe, die kostengünstigste Trajektorie zwischen einer definierten Anzahl von Zielen zu ermitteln, um Nebenbedingungen wie Transportobjektkapazität, Prioritäten, etc. erweitert wurde [26]. Aufgrund der genannten Herausforderungen beim Optimieren von BEV wird diese Aufgabe deutlich komplexer und als „Green Vehicle Routing Problem" (GVRP) bezeichnet [27]. Diese Arbeit beschäftigt sich mit dem Teilbereich Energieladen des GVRP am Beispiel von BEV. Dazu werden im folgenden Unterkapitel die Forschungsfragen und Zielsetzung definiert.

1.4 Forschungsfragen mit Zielsetzung

Diverse wissenschaftliche Untersuchungen zum Thema Einsatz- und Routenplanung beschäftigten sich mit den Auswirkungen des Einsatzes von BEV.
Grubwinkler et al. haben eine effiziente Reichweitenvorhersage für BEV entwickelt, die hierzu cloud-basiert statistisch ermittelte Energieverbräuche für
definierte Straßensegmente nutzt [28]. Voraussetzung hierzu ist eine ausreichende Anzahl an Datensätzen bestehend aus Geschwindigkeit- und Energie-
verbrauchsprofilen. Unbeantwortet bleiben die Eignung dieses Ansatzes für
Spezialanwendungen wie der Taxibetrieb, bei dem eine Vielzahl von Betriebs-
zuständen auftreten. Des Weiteren wird der Einfluss der Steigung vernachlässigt, was die Eignung des Ansatzes in topologischen Gebieten wie Stuttgart in Frage stellt. Sachenbacher et al. stellen Erweiterungen von bekannten
Routing-Algorithmen für BEV vor [29]. Diese beziehen zusätzlich die Randbedingungen des elektrifizierten Antriebsstrangs wie Reichweite, Ladezeit usw.
in die Ermittlung der kostengünstigsten Route mit ein. Erdogan und Miller-
Hooks stellen diverse Methoden zur Routenplanung und -optimierung für alternativ angetriebene Fahrzeuge vor, die u. a. die begrenzte Reichweite und
die Positionen der Ladestationen berücksichtigen [27]. Die bisherigen Ansätze und Umsetzungen beschränken sich auf das Routen bzw. die Routenplanung
und berücksichtigen die Energieverbrauchs- und Ladezustandsermittlung nicht
oder nicht ausreichend detailliert. Für einen ganzheitlichen Ansatz der Optimierung der Nutzungs- und Ladestrategie sind jedoch beide Komponenten
notwendig und zu berücksichtigen. Gerade in topologisch anspruchsvollen Regionen wie z. B. Stuttgart ist eine genaue und valide Energieverbrauchs- und
Ladezustandssimulation für die Optimierung der Energieladestrategie besonders relevant.

Ausgehend von den beschriebenen Herausforderungen und aufbauend auf den
Kenntnissen der bisherigen wissenschaftlichen Untersuchungen lassen sich folgende Forschungsfragen ableiten und durch die Beantwortung dieser die wissenschaftlichen Herausforderungen bewältigen sowie der praktische Mehrwert
generieren.

- Welche Betriebsparameter sind bei der Energiebedarfsermittlung von BEV
  relevant?

- Wie kann der Energiebedarf von BEV ausreichend genau, ganzheitlich und mit einem geringen Ressourcenaufwand (Zeit und Rechenleistung) ermittelt werden?

- Wie groß ist das Potential der Optimierung der Energieladestrategie von BEV?

- Welcher Ansatz ist für die Optimierung der Energieladestrategie für hochdynamische Beförderungsbedarfe geeignet?

Die Zielsetzung dieser Arbeit ist im ersten Schritt ein methodisches Vorgehen zu entwickeln, so dass alle relevanten Betriebsparameter für die Energiebedarfsermittlung mit einbezogen werden und die Energieladestrategie für hochdynamische Beförderungsbedarfe optimiert werden kann. Es wird davon ausgegangen, dass ein real oder statistisch repräsentatives ermitteltes Einsatz- und Nutzungsprofil bereits vorliegt. Im zweiten Schritt wird die Methodik in ein simulationsgestütztes Werkzeug überführt und anschließend exemplarisch am Beispiel E-Taxi[3] zur Analyse und Optimierung von Nutzungsstrategien angewandt. Der Fokus liegt hierbei auf der Verbesserung der Auslastung und Verfügbarkeit des Betriebsmittels Elektrofahrzeug. Durch die exemplarische Anwendung des entwickelten methodischen Ansatzes werden die formulierten Zielsetzungen untersucht und die Forschungsfragen beantwortet.

1.5 Struktur der Arbeit

Als Einstieg in diese Arbeit wird der aktuelle Stand der Technik zu den Themen Verkehrsdynamikmodell, Fahrzeugmodellierung und Optimierung erläutert. Anschließend werden die relevanten Betriebsparameter von BEV im gewerblichen Einsatz mit dem Fokus auf den Taxibetrieb identifiziert. Darauf aufbauend wird in Kapitel 4 der methodische Optimierungsansatz entwickelt und dieser im darauffolgenden Kapitel in Form des Simulations- und Optimierungsframeworks umgesetzt. Die Anwendung der entwickelten Methode am Praxisbeispiel E-Taxi erfolgt in Kapitel 6.

---

[3] Als E-Taxi werden in dieser Arbeit rein elektrisch angetriebene Taxis bezeichnet.

2 Stand der Technik

In diesem Kapitel werden die für diese Arbeit relevanten Grundlagen und der aktuelle Stand der Technik wissenschaftlich beschrieben. Die Betriebsabläufe des Taxibetriebs sind im ersten Unterkapitel abstrahiert dargestellt. Es wird auf die Herausforderung der Optimierung dieser Betriebsform im Bezug zum GVRP diskutiert. Anschließend wird auf die Modellierung des Verkehrs, des Antriebsstrangs und der Batterie detailliert eingegangen. Der Fokus liegt auf der Energieverbrauchs- und Ladezustandsermittlung. Die Grundlagen der Modellierung beinhalten den Antrieb, die Nebenverbraucher sowie den Energiespeicher. Dieses Kapitel wird mit der Erörterung der multikriteriellen Optimierung sowie der Beschreibung und der Gegenüberstellung des eingesetzten Optimierungsverfahrens mit anderen Verfahren abgeschlossen.

2.1 Taxibetrieb

Der Taxibetrieb zählt zu den öffentlichen Personenbeförderungen, die den Linienbus- und Bahnverkehr ergänzen. Im Gegensatz zu diesen folgt das Taxi keiner festgelegten Route, sondern kann sich frei auf den für Taxis freigegeben Straßen bewegen und Fahrgäste zu individuellen Zielen befördern. Die gesetzlichen Rahmenbedingungen des Taxibetriebs sind im Personenbeförderungsgesetz (PBefG) geregelt [30]. Die Abbildung 2.1 abstrahiert den Taxibetriebsablauf für BEV. Dargestellt ist dieser bis zum Energienachladen. Der Transport von weiteren Personen und die Rückfahrt zum Depot sind nicht abgebildet. Der Start- und Zielknoten ist das Depot (D). Die Zwischenknoten der Transportprozesskette sind die Knoten Taxiplatz (TP), Passagier (P) und die Ladepunkte (LP). Die Distanz d entspricht der Fahrstrecke in Kilometern einer Trajektorie zwischen zwei Knoten. Die Fahrstrecken der Trajektorien vom TP zum Passagier d_2 und d_4 sowie die der Passagierfahrt d_3 sind vor dem Schichtbeginn i. d .R. unbekannt. Ausnahmen sind die vorab festgelegten oder reservierten Beförderungsaufträge zu z. B. Sozial- und Gesundheitseinrichtungen, die je nach Betriebsausrichtung einen gewissen Anteil an den Fahraufträgen haben können. Für die zufälligen Fahrten können erst nach der Vermittlung

© Springer Fachmedien Wiesbaden GmbH, ein Teil von Springer Nature 2019
R. Pfeil, *Methodischer Ansatz zur Optimierung von Energieladestrategien für elektrisch angetriebene Fahrzeuge*, Wissenschaftliche Reihe Fahrzeugtechnik Universität Stuttgart, https://doi.org/10.1007/978-3-658-25863-4_2

des Beförderungsauftrags durch die Taxizentrale die Trajektorien ermittelt und die Distanzen berechnet werden. Aus diesem Grund sind die klassischen Optimierungsansätze des VRP und GVRP, bei denen die Zwischenknoten bekannt sein müssen, im Verteilerverkehr nicht einsetzbar. Dies gilt ebenso für alle Anwendungsfälle mit ereignisgesteuerten Fahrzielen wie z. B. Einsatzfahrten von Polizei und Feuerwehr.

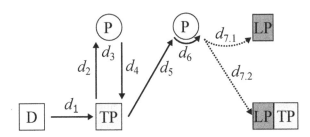

Abbildung 2.1: Abstrahierter Betriebsablauf am Bsp. E-Taxi bestehend aus den Knoten Depot (D), Taxiplatz (TP), Passagier (P) und Ladepunkte (LP) nach [31]

Ein u. a. von Bischoff und Maciejewski verfolgter Ansatz zur Berücksichtigung der zuvor erläuterten Herausforderungen beim Einsatz von BEV für den Taxibetrieb ist, die Vermittlungsstrategie anzupassen und dabei den SOC mit einzubeziehen [32, 33]. Das bisherige Vermittlungsverfahren behandelt alle Taxis unabhängig des SOC oder Tankinhalts gleich und vermittelt diese nach dem Warteschlangenprinzip. Das Taxi, dass am längsten am TP wartet, erhält den nächsten Fahrauftrag. Die Änderung dieser Vorgehensweise kann bei entsprechend großen Taxiflottenbetreibern funktionieren, da bei diesen die bevorzugte Vermittlung eines Taxis aufgrund des höheren SOC gegenüber einem anderen Taxi des selben Flottenbetreibers im Gesamtbetriebsergebnis keinen Nachteil verursacht. Bei einem hohen Anteil von Kleinstunternehmern mit ein bis zwei Fahrzeugen, wie das z. B. in Stuttgart der Fall ist, ist dies sehr problematisch [34]. In [35] wird eine Verkehrsdynamiksimulation u. a. zur Untersuchung und Optimierung der Vermittlungsstrategie auf Basis eines simulativ ermittelten SOC eingesetzt. Allerdings werden hierzu nur durchschnittliche Geschwindigkeiten ohne Höhenprofil berücksichtigt, was in topologischen Gebieten wie Stuttgart zu ungenauen Ergebnissen führt. Zudem bleibt die Frage bezüglich der einsatz- und nutzungsprofilabhängigen optimierten Zwischenlade (ZL)-Strategie unbeantwortet.

2.2 Verkehrsdynamikmodell

Verkehrsdynamikmodelle lassen sich auf Basis ihrer Einsatzspektren und mathematischen Umsetzungsmethoden einteilen. Unterschieden wird zwischen makroskopischen, mikroskopischen und mesoskopischen Modellen. Mathematisch lassen sich die Verkehrsmodelle in kontinuierliche basierend auf Differenzialgleichungen und diskrete Modellierungen mittels zellularer Automaten (ZA) unterteilen. [36] Im Folgenden wird auf die Klassifizierung auf Basis der Einsatzspektren eingegangen.

Makroskopische Modelle abstrahieren den Verkehrsfluss in Anlehnung an die Strömung eines Fluides. Dabei bilden die einzelnen Verkehrsteilnehmer für definierte Gebiete oder Streckenabschnitte ein Kollektiv, dessen physikalische Größen aggregiert werden [36]. Die Abbildung 2.2 a) veranschaulicht die makroskopische Modellierung. Zur Beschreibung der Dynamik des Systems werden die Größen Verkehrsdichte, Verkehrsfluss, mittlere Geschwindigkeit und Geschwindigkeitsvarianz verwendet. Mathematisch basieren diese Modelle auf Differenzialgleichungen, die Berechnung der Modellgrößen erfolgt raum- und zeitkontinuierlich. Makroskopische Modelle sind für folgende Einsatzgebiete gut geeignet:

- Für Vorhersagen von Ausbreitungsgeschwindigkeiten von Verkehrsstörungen wie z. B. Staus

- Zur Untersuchung von großflächigen Verkehrsszenarien

- Bei geringer oder inkonsistenter Datengrundlage

Bei mikroskopischen Modellen wird jeder Verkehrsteilnehmer (VT) einzeln als Teilchen in einem Netzwerk modelliert, wie in Abbildung 2.2 b) dargestellt. Das Kollektiv aus mehreren Teilchen auf einem Streckenabschnitt bildet einen Verkehrsstrom. Die Unterteilung des Verkehrsflusses ist bis auf die Ebene der Fahrspur möglich. In dem modellierten Netzwerk ist jeder VT durch die Größen Position, Geschwindigkeit und Beschleunigung definiert und reagiert auf Zustandsänderungen in seiner Umgebung wie das Geschwindigkeits-, Beschleunigungs-, Brems- und Spurwechselverhalten der anderen VT. Die Detailtiefe der mikroskopischen Modelle führt bei großen Simulationsszenarien zu einem deutlich höheren Berechnungsaufwand als bei makroskopischen Modellen.

Zur Modellierung mikroskopischer Verkehrsdynamikmodelle stehen zwei verschiedene mathematische Methoden zur Verfügung. Eine Methode ist, die Fahrzeugteilchen mittels Differentialgleichungen zu modellieren [36]. Die Andere ist, für die Modellierung der Fahrzeugteilchen ZA, in denen die Größen Ort und Zeit diskret berechnet werden, einzusetzen [36]. Die Abbildung 2.2 c) veranschaulicht den Einsatz von ZA bei einem mikroskopischen Modell. Der Zeitschritt Δt hat eine definierte Länge. Der Ort (Strecke, Fahrbahn, Gleis, etc.) ist in Zellen mit einer definierten Länge Δs unterteilt. Diese Zellen können entweder den Zustand ein Fahrzeug enthalten (1) oder kein Fahrzeug enthalten (0) einnehmen. In jedem Zeitschritt wird der Zustand der Zellen überprüft und in einer Zustandsmatrix aktualisiert. Der Vorteil von ZA liegt in der Recheneffizienz und in einem geringeren Modellierungsaufwand im Vergleich zu kontinuierlichen Modellierungen jedes einzelnen VT mittels Differentialgleichungen. Gerade ZA mit grober Diskretisierung wie dem Nagel-Schrecken-Berg Modell sind sehr rechenzeiteffizient [36]. Allerdings sind ZA zur Modellierung der Fahrzeugdynamik ungeeignet, da diese Geschwindigkeiten nur in ganzzahligen positiven Vielfachen von $\frac{\Delta t}{\Delta s}$ abbilden können. Deutlich realistischere Geschwindigkeitsprofile liefern Modelle, die Fahrzeugbewegungen zeitdiskret und raumkontinuierlich modellieren. Die Geschwindigkeitsprofile sind bei diesen Modellen stufenlos. Die mikroskopischen Modelle eignen sich zur Untersuchung der Auswirkungen einzelner Verkehrsteilnehmer auf den Gesamtverkehr. Dabei kann das menschliche Fahrverhalten wie Beschleunigungsverhalten, Abstand zum Vorderfahrzeug, Reaktionszeit etc. variiert und untersucht werden. Modelle, die dieses Verhalten beschreiben, werden im Folgenden als Fahrermodelle bezeichnet.

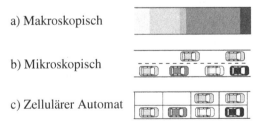

Abbildung 2.2: Vergleich von Verkehrsdynamikmodellierungen in Anlehnung an [36]

Eine Mischform von mikroskopischen und makroskopischen Verkehrsdynamikmodellen stellen die mesoskopischen Modelle dar, die die Modellierungsansätze kombinieren [36]. Ein Anwendungsbeispiel ist die mikroskopische Untersuchung von Staus auf Autobahnen unter Berücksichtigung von makroskopischen Größen wie Verkehrs- und Flussdichte. Dabei werden die makroskopischen Parameter wie Stauanfang und -ende mit mikroskopischen Ratengleichungen für ein- und ausfahrende Fahrzeuge kombiniert [36]. Vor und hinter den Stauwellen werden Wahrscheinlichkeitsverteilungen des Verkehrsflusses durch idealisierte Stoß-Wechselwirkungen berechnet [36]. Hierdurch müssen nur Abschnitte auf Fahrbahnebene detailliert modelliert und aufwendig simuliert werden. Für die anderen Abschnitte genügt eine rechenzeiteffiziente gasdynamische Modellierung. Je nach Anwendungsfall wird der Detaillierungsgrad der Modellierung eher makroskopisch oder mikroskopisch gewählt.

2.2.1 Emissions- und Energiemodelle

Zu den Aufgaben von Emissions- und Energiemodellen zählen die lokale Ermittlung von Geräusch-, Partikel- und Gasemissionen sowie die Berechnung von Energieverbräuchen für Kraftfahrzeuge in einem definierten Nutzungsprofil. Manche Modelle bieten zur simulativen Untersuchung von BEV die Möglichkeit den SOC der Batterie zu bilanzieren. Aufgrund der Zielsetzung wird in dieser Arbeit der Fokus auf die Berechnung von Energieverbräuchen und die Bilanzierung des SOC der Traktionsbatterie gesetzt. Für das verwendete und in Kapitel 5.3 erläuterte Verkehrsdynamikmodell „Simulation of Urban Mobility" (SUMO) stehen dazu folgende Emissions- und Energiemodelle zur Verfügung.

HBEFA: Das „Handbuch für Emissionsfaktoren des Straßenverkehrs" (HBE-FA) wurde von Deutschland und der Schweiz in den 1980er Jahren initiiert und seit den 1990er Jahren zusätzlich von Österreich gefördert. Die SUMO-Implementierung dieses Modells berechnet die Abgasemissionen (CO_2, CO, HC, NO_x, PM_x) sowie den Kraftstoff bzw. Energieverbrauch [37]. Die Implementierung ist durch die Angabe von Emissionsklassen, aktuell EU0 bis EU6, parametrierbar [38]. Die detaillierte Parametrierung und Energieverbrauchsermittlung eines bestimmten Fahrzeugs ist nicht möglich. Die Emissions- und Energieverbrauchssimulation ist der Ermittlung des Nutzungsprofils durch die Verkehrssimulation nachgelagert. Zur Berechnung ist das komplette simulierte Fahrprofil notwendig. Hierdurch können diese Simulationsgrößen nicht simultan zur Verkehrssimulation ausgegeben und weiter z. B. zur Anpassung der

Strategie verwendet werden, was nachfolgend als nicht online-fähig bezeichnet wird. Zu den Berechnungsvorschriften der genannten Simulationsgrößen
werden in der verfügbaren Literatur keine Angaben gemacht.

PHEM und PHEMlight: Aus dem Projekt „Cooperative Self-Organizing System for low Carbon Mobility at low Penetration Rates" (COLOMBO) entstan-
den die Modelle Passenger Car and Heavy Duty Emission Model (PHEM) und
PHEMlight [39]. Das PHEM Modell ist nicht online-fähig, das PHEMlight
hingegen schon. Beide Modelle berechnen den Energieverbrauch auf Basis des
Leistungsbedarfs mittels der kinematischen Fahrwiderstände unter Berücksichtigung der Wirkungsgrade. Die Emissionen werden auf Basis von Emissions-
kennfeldern ermittelt. Das PHEM Modell verfügt über ein Batteriemodell zur
Berechnung des SOC. In PHEMlight wird aus Effizienzgründen hinsichtlich
des Datenspeichers und der Rechenzeit eine vereinfachte Leistungsbedarfs-
ermittlung durchgeführt [39]. In die Berechnung fließen die aktuelle Fahrzeuggeschwindigkeit und -beschleunigung ein. Transiente Vorgänge, hervor-
gerufen durch instationäres Fahrverhalten, werden nicht berücksichtigt. Des
Weiteren fließen keine Leistungsbedarfe von Nebenverbrauchern, wie die Klimatisierung und Änderungen des Wirkungsgrads durch Temperatureinflüsse,
in die Leistungsbedarfsberechnung und damit in die Energieverbrauchsermittlung ein. Darüber hinaus ist beim PHEMlight Modell aktuell kein Batteriemodell zur Berechnung des SOC implementiert [39].

EmiL: Das im Rahmen des öffentlich geförderten Projekts von der TU Braunschweig entwickelte Modell „Elektromobilität mittels induktiver Ladung" (E-
miL) ermöglicht die Energiebilanzierung der HV-Batterie und Implementierung der induktiven Lademöglichkeiten im Straßennetz direkt in SUMO [40].
Dieses Modell ist online-fähig und berechnet den Energieverbrauch ebenfalls
auf Basis der Fahrwiderstände unter Berücksichtigung der Wirkungsgrade. Der
Energiebedarf der Nebenverbraucher fließt gemittelt in die Berechnung ein. Eine temperaturabhängige Berücksichtigung der Klimatisierungsleistung erfolgt
nicht. Beim Wirkungsgrad wird zwischen Vortrieb und Rekuperation unterschieden. Das Instationärverhalten im Antriebsstrang durch Beschleunigungen
und Verzögerungen wird berücksichtigt. Für das Rekuperieren sind keine Grenzen bezüglich Leistung oder SOC definierbar.

Aufgrund der in Kapitel 5.4 definierten Anforderungen an die Ermittlung des
Energieverbrauchs und SOC Bilanzierung eignet sich keins der verfügbaren
und zuvor vorgestellten Energiemodelle. Die Modelle HBEFA und PHEM sind

nicht online-fähig. PHEMlight und EmiL berechnen den Energieverbrauch on-line, vernachlässigen jedoch den Einfluss der Nebenverbraucher und des Temperatureinflusses, wodurch die Berechnungen nicht ausreichend genau sind. Zudem ist in PHEMlight kein Batteriemodell implementiert und für EmiL sind die Grenzen der Rekuperation nicht parametrierbar. Besonders in topologischen Gebieten wie Stuttgart ist dies von Nachteil, da die Realität nicht detailliert modelliert werden kann und die Simulationsergebnisse stärker abweichen. Aus den genannten Gründen wird in Kapitel 5.4 ein eigenes Fahrzeugmodell zur ganzheitlichen Energieverbrauchsermittlung und SOC Bilanzierung entwickelt.

2.2.2 Routing

Zur Ermittlung von Trajektorien von einem Start- zu einem Zielknoten in einem Straßennetz wird häufig der Algorithmus von Dijkstra oder eine Erweiterung eingesetzt [41]. Dieser Algorithmus berechnet die kürzest mögliche Trajektorie zwischen dem Start- und Zielknoten. Voraussetzung hierfür ist, dass das Straßennetz als gerichteter Graph, bestehend aus Knoten und bewerteten Kanten, vorliegt [42]. In dieser Bewertung muss mindestens die Distanz enthalten sein. Erweiterungen wie z. B. die Höhendifferenz oder die zulässige Geschwindigkeit zur Ermittlung der schnellsten Trajektorie sind möglich. Das Routing erfolgt ausgehend vom Startknoten durch Addition der Bewertungen der Kanten bis zum Zielknoten iterativ für die möglichen Kombinationen im Straßennetz.

2.3 Antriebsstrangmodellierung

Antriebsstrangmodelle werden u. a. zur Auslegung, Bewertung und Optimierung von Antriebsstrangkonfigurationen, Komponentendimensionierungen, Schalt- und Hybridstrategien eingesetzt. Ebenfalls dienen diese Modelle zur Emissions-, Energieverbrauchs- und Reichweitenermittlung. In diesem Abschnitt werden die Grundlagen der Antriebsstrangmodellierung mit dem Fokus auf die Energieverbrauchs- und Reichweitenermittlung erläutert. Wie bereits im Abschnitt 1.2 dargestellt ist durch die meist geringere Energiespeichergröße von alternativ gegenüber konventionell angetriebenen Fahrzeugen die Genauigkeit der Modellierung für die Optimierung der Nutzungsstrategie von besonderer Bedeutung. Ausgehend von der energetischen Betrachtung der Thematik wird sowohl der dynamische als auch der kinematische Simulationsansatz im Folgenden vorgestellt und deren Vor- und Nachteile erörtert.

2.3.1 Energetische Betrachtung

In dieser Arbeit wird die physikalische Energieumwandlung für die betrachteten Transportprozesse als Energieverbrauch bezeichnet. Für die Energieverbrauchsermittlung ist das System Kraftfahrzeug vom Fahrzeugenergiespeicher bis zum Rad abgegrenzt. Der Energieverbrauch ist als Integral der Antriebsleistung P_{Antr} und Leistung der Nebenverbraucher P_{NV} über die Zeit t definiert:

$$E_{Verb} = \int_0^t (P_{Antr} + P_{NV}) \frac{1}{\eta} dt \qquad \text{Gl. 2.1}$$

Für die Berechnung des Energieverbrauchs auf Basis realer Messdaten ist eine zeitliche Diskretisierung notwendig:

$$E_{Verb} = \sum_{i=Start+1}^{Ende} ((P_{Antr,i-1} + P_{NV,i-1})(t_i - t_{i-1}) +$$
$$((\frac{P_{Antr,i} - P_{Antr,i-1}}{2}) + (\frac{P_{NV,i} - P_{NV,i-1}}{2}))(t_i - t_{i-1}))\frac{1}{\eta} \qquad \text{Gl. 2.2}$$

Hierdurch resultiert eine Ungenauigkeit, die proportional von der Zeitschrittweite Δt abhängt. Die Leistung der NV setzt sich allgemein aus mechanischen und elektrischen NV zusammen. Für die Gleichung 2.3 der Antriebsleistung liegt die Annahme zu Grunde, dass ein Gleichgewicht zwischen Leistungsangebot und Leistungsbedarf erfüllt sein muss:

$$P_{Antr} = P_{TrV} + P_{SW} + P_{RW} + P_{LW} + P_{StW} + P_{BW} \qquad \text{Gl. 2.3}$$

Der Leistungsbedarf ergibt sich aus den Triebstrangverlusten P_{TrV}, Schlupf-widerstand P_{SW}, Rollwiderstand P_{RW}, Luftwiderstand P_{LW}, Steigungswider-stand P_{StW} und Beschleunigungswiderstand P_{BW}. Die Antriebsleistung an den Rädern P_{Rad} berechnet sich aus der Differenz zwischen Antriebsleistung P_{Antr} und der Triebstrangverlustleistung P_{TrV} bzw. durch Multiplikation der Antriebsleistung mit dem Triebstrang Wirkungsgrad η_{Tr}:

$$P_{Rad} = P_{Antr} - P_{TrV} = P_{Antr}\eta_{Tr} \qquad \text{Gl. 2.4}$$

Die Antriebsleistung P_{Antr} wiederum resultiert aus dem Produkt des Drehmo-ments M_{Antr} und der Winkelgeschwindigkeit ω_{Antr} der Antriebsmaschine:

$$P_{Antr} = M_{Antr}\omega_{Antr} \qquad \text{Gl. 2.5}$$

Zur Berechnung der Zugkraft an den Rädern $F_{Z,Rad}$ ist die Radantriebsleis-tung durch die theoretische Fahrzeuggeschwindigkeit $v_{Fzg,th}$ zu dividieren:

$$F_{Z,Rad} = \frac{P_{Rad}}{v_{Fzg,th}} \qquad \text{Gl. 2.6}$$

Die theoretische Fahrzeuggeschwindigkeit $v_{Fzg,th}$ ohne die Berücksichtigung von Schlupf errechnet sich durch Multiplikation der Raddrehzahl n_{rad} mit dem dynamischen Radumfang $U_{Rad,dyn}$:

$$v_{Fzg,th} = n_{Rad}U_{Rad,dyn} \qquad \text{Gl. 2.7}$$

Durch Einsetzen der Gleichungen 2.4, 2.5 und 2.7 in die Gleichung 2.6 sowie der Beziehungen $\omega = 2\pi n$ und $\omega_{Antr} = \omega_{Rad}i_{Antr}$ ergibt sich für die Zugkraft an den Rädern:

$$F_{Z,Rad} = \frac{P_{Rad}}{v_{Fzg,th}} = \frac{P_{Antr}}{v_{Fzg,th}}\eta_{Tr} = \frac{M_{Antr}i_{Antr}}{r_{Rad,dyn}}\eta_{Tr} \qquad \text{Gl. 2.8}$$

Damit ist eine Proportionalität der Zugkraft an den Rädern zum Antriebsmo-ment $F_{Z,Rad} \propto M_{Antr}$ gegeben [43].

2.3.2 Kinematischer Ansatz

Beim kinematischen Ansatz wird der Leistungsbedarf für den Antrieb von den Antriebsrädern zur Antriebsmaschine berechnet. Die Richtung der Berechnung ist dem Leistungsfluss von der drehmomentstellenden Antriebsmaschine P_{Antr} zu den Rädern P_{Rad} entgegengerichtet. Aus diesem Grund wird dieser Ansatz in der Literatur auch als rückwärtsgerichtet bezeichnet. Im Folgenden wird dieser als kinematische Rückwärtssimulation (KRS) bezeichnet. Die Berechnungen des kinematischen Ansatzes erfolgen zeitdiskret für $t \in \{0, N \cdot \Delta t\}$ und die Eingangsgrößen (Fahrprofil) über die jeweiligen Zeitschrittweite Δt werden näherungsweise berechnet. Daher wird dieser Ansatz als quasistationär bezeichnet. Die Abbildung 2.3 zeigt schematisch anhand eines BEV-Antriebsstrangs den rückwärtsgerichteten Modellansatz.

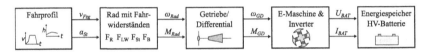

Abbildung 2.3: Schematische Darstellung des kinematischen Modellierungsansatzes am Bsp. eines BEV, nach [44]

Das Fahrprofil enthält die Information zu Fahrzeuggeschwindigkeit v_{Fzg} und Steigungswinkel α_{St} über der Zeit t. Ausgehend von diesem und den resultierenden Fahrwiderständen der Gleichung 2.3 wird die am Rad benötigte Zugkraft $F_{Z,Rad}$ berechnet. Das dafür benötigte Drehmoment der Antriebsmaschine M_{Antr} wird mit der Gleichung 2.8 errechnet. Die Fahrwiderstandskräfte, bestehend aus Rollwiderstand F_{RW}, Luftwiderstand F_{LW}, Steigungswiderstand F_{StW}, Beschleunigungswiderstand F_{BW} werden durch die Gleichungen 2.9 bis 2.12 berechnet [43, 45]:

$$F_{RW} = m_{Fzg} g f_R cos(\alpha_{St}) \qquad \text{Gl. 2.9}$$

$$F_{LW} = \frac{1}{2} \rho_{Luft} c_W A_{Fzg} v_{Fzg}^2 \qquad \text{Gl. 2.10}$$

$$F_{StW} = m_{Fzg} g sin(\alpha_{St}) \qquad \text{Gl. 2.11}$$

$$F_{BW} = m_{Fzg}a_{Fzg} + \frac{\sum I_{redRad}\dot{\omega}}{r_{Rad,dyn}} \qquad \text{Gl. 2.12}$$

Zur vereinfachten Berechnung des rotatorischen Anteils der Kraft des Beschleunigungswiderstands wird der Massenträgheitsfaktor e eingeführt. Dieser wird unter Berücksichtigung von $\dot{\omega} = \frac{a_{Fzg}}{r_{Rad,dyn}}$ aus der Summe der auf die Raddrehzahl reduzierten Massenträgheitsmomente dividiert durch den quadratischen dynamischen Raddurchmesser und der Fahrzeugmasse berechnet [43, 45]:

$$e = 1 + \frac{\sum I_{redRad}}{r_{Rad,dyn}^2 m_{Fzg}} \qquad \text{Gl. 2.13}$$

Der Massenträgheitsfaktor ist von der Getriebeübersetzung und damit von dem eingelegten Gang abhängig. In [43] sind Anhaltswerte für den Massenträgheitsfaktor für Pkw für den ersten Gang von 1,25 - 1,4 und den direkten Gang von 1,04 - 1,07 angegeben. In [46] wird dieser Faktor mit der Getriebeübersetzung i_G, der Getriebeübersetzung des höchsten Gangs i_0 und folgender Formel abgeschätzt:

$$e_{th} = 1 + 0,04 + 0,0025i_G^2 i_0^2 \qquad \text{Gl. 2.14}$$

Durch Einsetzen der Gleichung 2.13 in 2.12 kann der Beschleunigungswiderstand wie folgt vereinfacht berechnet werden:

$$F_{BW} = m_{Fzg}a_{Fzg}e \qquad \text{Gl. 2.15}$$

Bei rein elektrisch angetriebenen Fahrzeugen mit konstanter Getriebeübersetzung (keine Schaltgetriebe) ist I_{redRad} dividiert durch r_{dyn}^2 konstant und damit der Massenträgheitsfaktor über den gesamten Drehzahl- bzw. Fahrzeuggeschwindigkeitsbereich konstant. Dadurch reduziert sich der Modellierungs- und Simulationsaufwand der Energieverbrauchs- und Reichweitenermittlung für BEV. Beim Ansatz der KRS existiert keine Rückführgröße mit der beurteilt werden kann, ob die Anforderung des Fahrprofils mit dem Antriebsstrang zu bewerkstelligen ist. Folglich müssen die längsdynamischen Fahrgrenzen bei der simulativen Generierung des Fahrprofils berücksichtigt werden.

2.3.3 Dynamischer Ansatz

Im Gegensatz zum kinematischen erfolgt beim dynamischen Ansatz die Berechnung der Simulation entlang der Wirkrichtung im Antriebsstrang, wodurch dieser als vorwärts gerichteter Ansatz bezeichnet wird [44]. Im Folgenden wird für diesen die Bezeichnung der dynamischen Vorwärtssimulation (DVS) verwendet. Die Abbildung 2.4 zeigt den DVS-Ansatz am Bsp. eines BEV-Antriebsstrangs. Der Fahrzustand ist durch das Fahrprofil vorgegeben (vgl. Abschnitt 2.3.2). Im Gegensatz zum KRS-Ansatz wird das notwendige Antriebsmoment M_{Antr} von dem Fahrermodell berechnet und an die Antriebsmaschine übergeben.

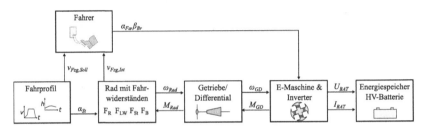

Abbildung 2.4: Schematische Darstellung des dynamischen Modellierungsansatzes am Bsp. eines BEV nach [44]

Im Fahrermodell vergleicht ein PI-Regler die Ist- $v_{Fzg,Ist}$ und Sollgeschwindigkeit $v_{Fzg,Soll}$ des Fahrzeugs und ermittelt die notwendige Fahr- α_{Fa} und Bremspedalstellung β_{Br}. Das Modell der Antriebsmaschine berechnet hieraus unter Berücksichtigung der definierten physikalischen Grenzen das resultierende Antriebsmoment M_{Antr} bzw. die Antriebsleistung P_{Antr} mittels der Gleichung 2.5. Dabei werden die Grenzen des Energiespeichers sowie der Energiewandler berücksichtigt. Die Simulation erfolgt schrittweise durch die gesamte modellierte Antriebsstrangkomponentenkette bis zu den Rädern. Das Ergebnis ist die am Rad zur Verfügung stehende Antriebsleistung P_{Rad} bzw. M_{Rad} und $F_{Z,Rad}$. Aus dem aktuellen Fahrzustand, den resultierenden Fahrwiderständen und der verfügbaren Antriebsleistung wird die Fahrzeuggeschwindigkeit $v_{Fzg,Ist}$ des neuen Fahrzustands berechnet. Dieser Zustand ist die Rückführgröße $v_{Fzg,Ist}$ zum Fahrermodell.

Mit diesem detaillierten Ansatz können Anwendungen von der Validierung einzelner Antriebsstrangkomponenten bis zur Optimierung der Antriebsstrangkonfiguration abgedeckt werden. Nach Winke liefert der DVS-Ansatz im Vergleich zum KRS in Realfahrzyklen[1] genauere Ergebnisse für Verbrauchs- und CO2- Emissionen [47]. Nachteilig ist, dass durch den höheren Detaillierungsgrad der Modellierungs- und Berechnungsaufwand steigt.

2.4 Batteriemodellierung

In BEV sind Batterien für die Gesamtenergieversorgung i. d .R. als parallel- und reihenverschaltete Zellen in einem Batteriepack zusammengefasst, um höhere Spannungen und Stromstärken realisieren zu können. Dieser elektrochemische Energiespeicher zeigt ein nichtlineares und komplexes elektrisches Verhalten. Die Simulation des elektrischen Verhaltens ist aufwendig. In der Literatur existieren eine Vielzahl von Ansätzen und Möglichkeiten, um das elektrochemische Verhalten der Batterie abzubilden. Im Folgenden werden die Batteriemodelle in drei Kategorien eingeteilt. Diese sind Ersatzschaltbildmodelle, physikalisch-chemische Modelle und weitere Ansätze, die nicht den ersten beiden zugeordnet werden können. Die Modelle und deren Eigenschaften werden kurz beschrieben. Für weitere Ausführungen wird auf die entsprechende Fachliteratur verwiesen.

2.4.1 Ersatzschaltbildmodelle

Ersatzschaltbildmodelle werden häufig eingesetzt und sind in einem breiten Einsatzgebiet der Forschung und Entwicklung vertreten [48]. Mithilfe von Ersatzschaltbildern aus Widerständen (R), Kapazitäten (C) und Induktivitäten (L) wird das elektrische Verhalten der Zellen modelliert. Die Genauigkeit des Ersatzschaltbilds wird neben der Parametrisierung der elektrischen Größen u. a. von der Anzahl und Verschaltung der einzelnen Zelle in einem Batteriepack beeinflusst. Das Modell simuliert auf Basis der Eingangsgröße des Stromflusses das Spannungsverhalten der Zelle als Ausgangsgröße. Der Widerstand bildet den statischen bzw. ohmschen Anteil des Batterie-Spannungsverhaltens, die

---

[1]Nicht synthetisch generierte Fahrzyklen wie z. B. der NEFZ.

Kapazitäten und Induktivitäten die dynamischen bzw. frequenzabhängigen Anteile ab. Hu vergleicht in [49] verschiedene Ersatzschaltbildmodelle. Dubarry untersucht in [50] den Einfluss von Prozessschwankungen in der Zellproduktion auf die Parametrisierung, welche zu berücksichtigen sind.

2.4.2 Physikalisch-chemische Modelle

Bei den physikalisch-chemischen Modellen wird das Verhalten auf Basis von bekannten physikalischen und chemischen Zusammenhängen nachgebildet, wodurch dieser Ansatz als Bottom-Up-Ansatz bezeichnet wird [48]. Für die mathematische Beschreibung der Modellierung muss der Prozess auf mikroskopischer Ebene bekannt sein. Aus diesem Grund ist eine sehr genaue Kenntnis über die Zelle, z. B. zu Geometrie, Diffusionskonstanten und Leitfähigkeit, notwendig. Der Diffusionsansatz, das Modell der porösen Elektrode und die Zwei-Phasentransformation zählen zu den bekanntesten Modellansätzen [48]. Diese drei Ansätze ergänzen sich, d. h., jeder bildet einen Teilprozess des Zellverhaltens ab. Mathematisch basieren diese Modelle auf gekoppelten, dreidimensionalen und partiellen Differentialgleichungen. Die Simulation der komplexen numerischen Algorithmen in sehr rechen- und damit zeitintensiv [51].

2.4.3 Weitere Modelle

Batteriemodelle, die auf neuronale Netze, Fuzzy-Logik und stochastische Ansätze aufbauen, zählen zu den weiteren Modellen. Hierbei spielen weder physikalische noch chemische Grundlagen eine Rolle. Die Modellbildung findet auf Basis von empirischen Beobachtungen statt [52]. Hierdurch haben die abstrakten mathematischen Modelle oft keinen physikalischen Bezug. Ziel dieser Modelle ist es, Aussagen zu Lebensdauer, Effizienz oder Kapazität treffen zu können. Rückschlüsse auf zeitliche Strom- und Spannungsverläufe sind nicht möglich. Um den Erholungseffekt nach einem Stromimpuls nachbilden zu können, wird bei stochastischen Modellen der Stromimpuls als exponentielle Funktion von Ladezustand und entnommener Kapazität modelliert. Je nach Ansatz sind diese Modelle sehr anwendungsspezifisch und liefern Ergebnisfehler im Bereich von 5 bis 20 % [51].

2.4.4 Ladezustandsermittlung

Der SOC einer Batterie wird in diversen Literaturquellen beschrieben und definiert [48, 53–55]. In dieser Arbeit ist der SOC als prozentualer Anteil der gespeicherten Ladung bezogen auf die Nennkapazität definiert. Der SOC = 100 % entspricht einer vollständig geladenen und der SOC = 0 % einer bis zur Entladeschlussspannung entladenen Batterie. Die Wandlung von elektrische in chemische Energie beim Ladevorgang und umgekehrt beim Entladevorgang ist verlustbehaftet. D.h. die Energie, die beim Ladevorgang in die Batterie hineinfließt steht beim Entladevorgang nicht mehr zur Verfügung. Der Batteriewirkungsgrad η_{BAT} des Lade- und Entladevorgang ist wie folgt definiert:

$$\eta_{BAT} = \frac{E_{Ent}}{E_{Lade}} \qquad \text{Gl. 2.16}$$

Die Ermittlung des Ladezustands von Batterien ist anwendungsübergreifend von großer Bedeutung. Bei BEV ist eine genaue Ladezustandsermittlung für die Reichweitenprädiktion unerlässlich. Roscher teilt die Methoden zur SOC-Ermittlung in direkte und modellbasierte ein [48]. Zu den direkten Methoden zählen der Restladungstest, die Ladungsintegration, Spannungsauswertung, Impedanz- und Durchtrittsfrequenzauswertung, Fuzzylogik- und Expertensysteme und künstliche neuronale Netze. Die Eignung der Modelle für Traktionsbatterien im Bereich Automotive hängt von dem Zustand, in dem sich die Batterie befinden muss, und von der Genauigkeit des Ergebnisses ab. Für die Bestimmung des Ladezustands mithilfe der Methode der Impedanzspektroskopie muss diese aktiv angeregt und für den Restladungstest mit einem konstanten Strom bis zur Entladeschlussspannung entladen werden. Beide Methoden sind im automotive Bereich technisch und aus Kostengründen ungeeignet [48]. Bei den Methoden der Fuzzylogik und neuronalen Netzen liegt die Herausforderung auf Seiten der Parametrisierung gerade im Hinblick auf gealterte Batterien, wodurch auch diese Methoden ungeeignet sind [48]. Die Ladungsintegration benötigt regelmäßig einen vollständigen Ladevorgang, damit der Initialwert der Integration auf null gesetzt und die aufsummierten Integrationsfehler eliminiert werden können. Beim Ladevorgang von BEV im privaten Gebrauch kann davon ausgegangen werden, dass dieser Zustand regelmäßig eintritt. Denn hier sind die Fahrzeugnutzungszeiten meist deutlich geringer als die Park- und damit Ladezeiten. Bei gewerblich genutzten BEV z. B. in einem Zwei- oder Dreischichtbetrieb im Taxigewerbe ist nicht garantiert, dass dieser Zustand regelmäßig eintritt. Bei Hybridfahrzeugen ohne Plug-In Funktion ist diese Vollladung von der Regelstrategie abhängig und tritt evtl. nicht auf.

Die modellbasierte Ladezustandsermittlung weist Vorteile gegenüber den direkten Methoden hinsichtlich der Anwendbarkeit und Genauigkeit auf. Der Ansatz basiert auf Zustandsgleichungen. Es werden die Messgrößen Strom, Spannung und Temperatur zur Bestimmung des SOC kombiniert. Dadurch können höhere Genauigkeiten als bei den direkten Methoden erzielt werden. Durch immer leistungsfähigere Mikrocontroller und Prozessoren kann die modellbasierte SOC-Ermittlung in Batteriesteuergeräten im Automotive Bereich eingesetzt werden. Roscher listet die bekannten Verfahren zur modellbasierten Ladezustandsermittlungen wie z. B. den Kalman-Filter auf und erläutert deren Einsatz [48]. In dieser Arbeit wird die SOC-Ermittlung auf Basis der Ladungsintegration und einem Ersatzschaltbildmodell umgesetzt. Dieses ist zum Einen gut zu parametrisieren und zum Anderen rechenzeiteffektiv zu berechnen.

2.5 Ladetechnologie

Die Ladetechnologie zwischen Ladepunkt und Fahrzeug im europäischen Raum ist in den Normen IEC 61851-1 und 62196 definiert [56, 57]. Beide Normen werden von der International Electrotechnical Commission (IEC) veröffentlicht und weiterentwickelt. Zu beachten sind auch alle weiteren relevanten Normen und Richtlinien wie z. B. die der nationalen DIN-VDE. Die DIN EN 61851-1 definiert allgemein das konduktive Laden, wie die Eigenschaften und Betriebsbedingungen der LP und des Elektrofahrzeugs sowie die Low-Level Kommunikation. In der IEC 62196 sind die entsprechenden Steckertypen mit ihren geometrischen und elektrischen Eigenschaften definiert. Darüber hinaus ist in der ISO 15118 die High-Level Kommunikation von Fahrzeug zum öffentlichen Stromnetz definiert [58]. In der IEC 61851-1 ist das Laden in vier Modi unterteilt. Im Folgenden wird zu den Modi die resultierende Ladeleistung, für das AC-Laden auf Basis der europäischen Netzspannung von 230 V, angegeben:

- Mode 1: Einphasiges AC-Laden mit maximal 16 A, resultierende Ladeleistung 3,6 kVA.

- Mode 2: Ein- oder Dreiphasiges AC-Laden mit maximal 32 A, resultierende maximale Ladeleistung 22 kVA.

- Mode 3: Dreiphasiges AC-Laden mit maximal 63 A, resultierende maximale Ladeleistung 43,5 kVA.

- Mode 4: Einphasiges DC-Laden mit maximal 400 A, resultierende Ladeleistung abhängig von der Batteriespannung maximal 1000 V.

In dieser Arbeit wird die maximale Ladeleistung in die drei Bereiche 3,6, 22, 43,5 kVA für das AC-Laden unterteilt und im Simulationsmodell getrennt für das Fahrzeug und den LP berücksichtigt. Beim DC-Laden erfolgt dies entsprechend bis zu einer maximalen Ladeleistung bis 350 kW.

2.6 Optimierung

Das in Kapitel 4 eingeführte Optimierungsproblem der Betriebsstrategie ist multikriteriell. Dies bedeutet, dass zwei oder mehr Zielgrößen existieren, die optimiert werden. Die Gleichungen 2.17 bis 2.19 definieren allgemein die mathematische Lösung dieses Optimierungsproblems. Dabei ist $\vec{x}$ der Vektor der variierbaren Optimierungsparameter (OP). Die Funktionen $f_m : \mathbb{R}^n \rightarrow \mathbb{R}$ definieren die einzelnen Objekte $m \in: \mathbb{N}$ des multriteriellen Optimierungsproblems. Die Beschränkungsfunktionen $g_i, h_j : \mathbb{R}^n \rightarrow \mathbb{R}$ mit $i, j \in: \mathbb{N}$ sind durch Gleichung 2.18 und 2.19 definiert.

$$\vec{f}_{min}(X_{OP}) = (f_1(\vec{x}), \ldots, f_m(\vec{x})) \qquad \text{Gl. 2.17}$$

$$g_i(\vec{x}) \leq 0 \qquad \text{Gl. 2.18}$$

$$h_j(\vec{x}) = 0 \qquad \text{Gl. 2.19}$$

Zur Beurteilung der Optimierungen werden die Kriterien Pareto-Dominanz und Pareto-Optimum eingesetzt. Pareto-Dominanz liegt vor, wenn für einen oder mehrere Zielfunktionswerte im Suchraum gegenüber anderen gilt [59]:

$$\vec{f}(X_{OP}) \le \vec{f}(X'_{OP}) \qquad\qquad \text{Gl. 2.20}$$

D. h. diese Zielfunktionswerte dominieren andere Funktionswerte, wenn diese in einer Ebene gleiche oder kleinere Funktionswerte bei unterschiedlichen Optimierungsparametersätzen X_{OP} haben. Das Kriterium Pareto-Optimum ist erfüllt, sobald es keine Möglichkeit gibt einen Zielfunktionswert zu verbessern ohne einen anderen zu verschlechtern. Die Menge der Lösungen, die das Kriterium des Pareto-Optimums erfüllen, wird als Pareto-Front bezeichnet. Aus Effizienzgründen wird angestrebt, eine hohe Konvergenzgeschwindigkeit der Pareto-Front zum theoretisch möglichen Pareto-Optimum im definierten Lösungsraum zu erreichen.

2.6.1 Optimierungsverfahren

Zur Auswahl eines geeigneten Optimierungsverfahrens werden in diesem Unterkapitel diverse Optimierungsansätze erörtert, deren Eignung für das in Kapitel 4 definierte Optimierungsproblem bewertet und der geeignete Ansatz ermittelt. Das Angebot an Optimierungsverfahren ist vielfältig. In Abhängigkeit des zu optimierenden Problems haben die jeweiligen Optimierungsansätze Vor- und Nachteile oder sind gänzlich ungeeignet. Nach Tellermann können die Optimierungsverfahren in analytische und numerische Ansätze unterteilt werden [60]. Bei analytischen Optimierungsverfahren wird zwischen der Optimierung von linearen und nichtlinearen Zielfunktionen unterschieden. Voraussetzung für den Einsatz dieser Verfahren ist, dass sich das Optimierungsproblem als analytische Funktion darstellen lässt. Eine Funktion wird als analytisch bezeichnet, wenn diese stetig differenzierbar ist. Als Beispiel sind hier Polynomfunktionen und Potenzreihen zu nennen [61]. Da das Optimierungsproblem in diesem Beitrag nicht durch eine analytische Funktion beschrieben werden kann, scheiden diese Optimierungsansätze aus.

Bei numerischen Optimierungen werden Optima näherungsweise ermittelt. Coello Coello et al. unterteilen die numerischen Ansätze in aufzählende,

deterministische und stochastische [62]. Der einfachste ist der „Enumerative"
Ansatz, welcher jede mögliche Lösung im Suchraum berechnet und determinis-
tisch ist. Für große Suchräume ist dieser Ansatz ineffektiv. Ist die Berechnung
des Optimierungsproblems darüber hinaus zeitintensiv, hilft es den Suchraum
einzugrenzen, um den Berechnungsaufwand zu verkürzen und in vertretba-
rer Zeit zu Optimierungsergebnissen zu gelangen [63]. Um den Suchraum
einzugrenzen, wird bei deterministischen Ansätzen Wissen über das zu optimierende Problem genutzt. Häufig basieren die deterministischen Ansätze auf
Suchalgorithmen aus der Graphentheorie und nutzen beispielsweise die Art
der Suche in Baumstrukturen [62]. Aus der Literatur bekannte Vertreter von deterministischen Algorithmen sind u. a. der „Greedy", der „Hill-Climbing", der
„Breadth-First" und „Best-First". Der „Hill-Climbing" Algorithmus sucht nach
einem Optimum in seiner Umgebung und nimmt eine neue Position im Suchraum ein, wenn diese gegenüber der aktuellen eine Verbesserung hinsichtlich
der Optimierungsbedingung ist [64]. Dazu vergleicht dieser die Gradienten
der aktuellen Position zu allen Nachbarpositionen und nimmt die Position
ein, bei dieser der Gradient maximal oder minimal ist. Hierdurch findet dieser
Algorithmus ausgehend von seiner Startposition ein Optimum, welches nicht
zwingend ein globales ist. Eine Strategie zum Verlassen von lokalen und der
Suche nach globalen Optima existiert nicht. Dieser Nachteil trifft auch auf den
„Greedy" Ansatz zu, wodurch diese Ansätze für die Suche von globalen Optima ungeeignet sind [64]. Ein weiterer Nachteil der deterministischen Ansätze
ist, dass zum Eingrenzen des Suchraums ein detailliertes Wissen über das zu
optimierende Problem vorhanden sein muss. Demzufolge sind bei Optimierungsproblemen in großen mehrdimensionalen Suchräumen mit begrenztem
Wissen auch die deterministischen Optimierungsansätze ineffektiv. Aufgrund
der genannten Nachteile eignen sich diese Optimierungsalgorithmen für den
Einsatz in dieser Arbeit nicht.

Numerisch stochastische Optimierungsalgorithmen verteilen eine definierte
Anzahl von Variablen mittels Zufallsverteilung im gesamten Suchraum. Im ein-
fachsten Fall, wie beim „Monte Carlo" Algorithmus, ändern sich die Postionen
im Suchraum ausschließlich per Zufallsprinzip zu jedem Iterationsschritt [65].
Hierdurch wird zwar eine globale Suche hinsichtlich des Optimums gewährleistet, jedoch ist dieses Vorgehen für multikriterielle Optimierungsprobleme
mit großen Suchräumen sehr zeitintensiv und damit ineffektiv. Ergebnisse und
Ressourceneinsatz ist bei diesem mit dem oben beschriebenen „Enumerative" Ansatz vergleichbar [66]. Als Weiterentwicklungen der Zufallsmethode
ist z. B. der „Simulated Annealing" Algorithmus zu nennen. Dieser führt die

Positionswechsel wie der „Hill-Climbing" Algorithmus unter Berücksichtigung der Gradienten von der aktuellen zu den Nachbarpositionen durch. Diese Suchstrategie wird durch einen Positionswechsel per Zufallsprinzip mit der Wahrscheinlichkeit kleiner eins überlagert [67]. Hierdurch können Bereiche, in denen sich lokale Optima befinden, verlassen und weitere gesucht werden. Durch den Positionswechsel per Zufallsprinzip ist es jedoch möglich, dass Bereiche verlassen werden, bevor das lokale Optimum gefunden wurde. Im Laufe der Optimierung verringert sich die Wahrscheinlichkeit des Positionswechsels per Zufallsprinzip gegen null, sodass die Ermittlung der lokalen Optima gewährleistet ist. Dieses Verhalten ist vergleichbar mit der Beweglichkeit von Atomen während des Abkühlvorgangs eines Metalls. Nachteilig der nach dem Zufallsprinzip funktionierenden stochastischen Optimierungsalgorithmen ist, dass auch diese Ansätze für mehrdimensionale Suchräume aufgrund einer hohen Anzahl von Iterationsschritten zeitintensiv und damit ineffektiv sind [59].

Eine Weiterentwicklung der numerisch stochastischen Optimierungsalgorithmen sind evolutionäre oder auf Schwarmintelligenz basierende Algorithmen. Evolutionäre Algorithmen (EA) funktionieren nach dem Prinzip der Evolutionstheorie von Darwin [66]. Eine Population von Individuen wird zu Beginn der Simulation meist mittels Zufallsprinzip in dem gesamten Suchraum verteilt und evaluiert. Diese Population wird nach dem Initial- und jedem Optimierungsschritt mutiert. Durch die Überprüfung der Fitness mittels der Bewertungsgrößen wie z. B. der Pareto-Dominanz werden die besten Mutationen ermittelt. Diese setzen sich gegenüber den anderen Individuen durch und mutieren im nächsten Iterationsschritt. Bei der Optimierung mittels EA sind mehrere Evaluationen bzw. Simulationen, und zwar die Anzahl der Population multipliziert mit den Iterationsschritten, notwendig. Allerdings ist durch die Selektion und Vererbung eine gezieltere Suche nach den Optima möglich, im Gegensatz zu den zuvor vorgestellten Ansätzen der Zufallsmethode. Der Algorithmus der Partikelschwarmoptimierung (PSO) bildet das Verhalten natürlicher Schwärme von Tieren nach [68]. Vorbild sind hierbei Vogel- oder Fischschwärme, die im Kollektiv auf Nahrungssuche gehen. Die Optimierung basiert, wie bei EA, auf Individuen. Die notwendigen Iterationsschritte bis zur Konvergenz zum Pareto-Optimum ist beim PSO im Vergleich zu bekannten Vertretern von EA, wie dem „Non-dominated Sorting Genetic Algorithm II" (NSGA-II) oder dem „Pareto Envelope-based Selection Algorithm II" (PESA-II), geringer [69–71]. Hierdurch ist die Konvergenzgeschwindigkeit höher und der PSO effektiver.

Möglich ist dies u. a. durch die zielgerichtete Bewegung der Individuen im Suchraum im Gegensatz zur zufälligen Mutation bei EA [68].

Zusammenfassend ist festzuhalten, dass bei nichtdeterministischen multikriteriellen Optimierungsproblemen, definiert durch unstetige Zielfunktionen, ein numerisch stochastischer Optimierungsansatz geeignet ist. Aus dieser Kategorie ist der PSO ein vielversprechender Ansatz, der zum Einen effizient ist und zum Anderen globale Optima finden kann. Aus diesem Grund fällt die Wahl in dieser Arbeit auf das PSO-Verfahren, dass im folgenden Kapitel näher erläutert wird.

2.6.2 Partikelschwarmoptimierung

Der PSO Algorithmus bildet ein Verhalten analog zu natürlicher Schwärmen von Tieren nach. Die Optimierung erfolgt iterativ. Der Schwarm setzt sich aus Partikeln, im Folgenden als Individuen bezeichnet, zusammen. Diese haben eine definierte Position $\vec{x}_i$ und eine Geschwindigkeit $\vec{v}_i$ im Suchraum. In jedem Simulationsschritt wird das persönliche Optimum (pOpti) eines Individuum $\vec{x}_{pOpti_i}$ und das globale Optimum (gOpti) des gesamten Schwarms $\vec{x}_{gOpti_i}$ evaluiert. Die Führungsindividuen führen andere Individuen in bessere Regionen des Suchraums. Die Abbildung 2.5 zeigt das Ablaufdiagramm der PSO. Nach der Initialisierung des Schwarms und der zufälligen Auswahl der Führungsindividuen werden die Startpositionen $\vec{x}_i$ jedes Individuums der Population im Suchraum zufällig verteilt. Die basierend auf den Positionen der Individuen resultierenden OP werden mithilfe der Zielfunktionen Gleichung 2.17 evaluiert. Anhand dieser Ergebnisse werden die pOpti, gOpti und die Führungsindividuen aktualisiert. Die Position jedes Individuums ändert sich zwischen den Iterationsschritten basierend auf der eigenen und der Erfahrung der Nachbarn. Die folgende Gleichung definiert diese Änderung in Abhängigkeit der aktuellen Position und des Geschwindigkeitsvektors [72]:

$$\vec{x}_i(t+1) = \vec{x}_i(t) + \vec{v}_i(t+1) \qquad \text{Gl. 2.21}$$

Der Geschwindigkeitsvektor wird auf Basis der eigenen und der ausgetausch-
ten Erfahrung gebildet und durch folgende Gleichung definiert [72]:

$$\vec{v}_i(t+1) = w\vec{v}_i(t) + C_1 r_1(\vec{x}_{pOpti_i} - \vec{x}_i(t)) + C_2 r_2(\vec{x}_{gOpti_i} - \vec{x}_i(t)) \qquad \text{Gl. 2.22}$$

Die Variablen $r_1, r_2 \in [0,1]$ sind Zufallsvariablen. Mit dem Steuerungsparameter w wird die Trägheit der Geschwindigkeitsänderung definiert. Der
Term $C_1 r_1(\vec{x}_{pOpti_i} - \vec{x}_i(t))$ repräsentiert die eigene Erfahrung und der Term
$C_2 r_2(\vec{x}_{gOpti_i} - \vec{x}_i(t))$ die Erfahrung der anderen Individuen. Diese werden auch
als kognitive C_1 und soziale C_2 Steuerungsparameter bezeichnet [69]. Definierte Grenzen beschränken den Wertebereich des Geschwindigkeitsvektors.
Als Abbruchkriterium wird entweder eine feste Anzahl von Iterationsschritten
oder eine minimale Verbesserung des aktuellen Optimums zum bisherigen
festgelegt. Durch eine feste Anzahl von Iterationsschritten kann die Optimierungszeit bei konstanter Evaluierungszeit der Zielfunktionen bestimmt werden.
Die Optimierung ist in diesem Fall echtzeitfähig. Hingegen definiert die Angabe einer minimalen Verbesserung der Optima das Ausgangsergebnis der
Optimierungen. Eine Aussage zur Optimierungszeit kann hier aufgrund des
heuristischen Ansatzes nicht getroffen werden.

Wie zuvor beschrieben erfolgt die Bewertung der Lösungen der Zielfunktionen
auf Basis der Pareto-Dominanz. Dieses Prinzip ist im „Nondominated Sorting"
Algorithmus umgesetzt, mit dem die Pareto-Optima und die Pareto-Front ermittelt werden [68]. Jedoch ist mit diesem Verfahren eine Bewertung der Lösungen auf der Pareto-Front und Bildung einer Rangfolge dieser nicht möglich. Für die Ermittlung der Führungsindividuen werden die Lösungen auf der
Pareto-Front herangezogen. Eine qualitative Auswahl der Führungsindividuen
ist mit einem Bewertungskriterium ebenfalls nicht möglich. Es besteht die Gefahr, dass sich die Suche der Individuen auf einen kleinen Bereich konzentriert
und die Pareto-Front nicht gleichmäßig abgedeckt wird. Um dem entgegenzu-
wirken stehen mehrere Möglichkeiten zur Verfügung. In [72] und [73] werden
die Steuerungsparameter (w, C_1, C_2) so gewählt, dass auf ein zweites Kriterium
zur Bewertung der Lösungen auf der Pareto-Front verzichtet werden kann. Eine weitere Möglichkeit ist, mittels Zufallsprinzip die Führungsindividuen aus
den Pareto-Optima zu ermitteln. Jedoch kann nur mithilfe eines zweiten Kri-
teriums eine gleichmäßigere Abdeckung der Lösungen auf der Pareto-Front
kontrolliert und gewährleistet werden. Hierzu werden in der Literatur u. a. Verfahren wie die Dichtemessung, Hypertubes, Hypervolume und die Epsilon Do-

minanz aufgeführt [74–76]. Bezüglich der Funktionsweise dieser Verfahren wird auf die entsprechende Literatur verwiesen und in dieser Arbeit nicht weiter darauf eingegangen.

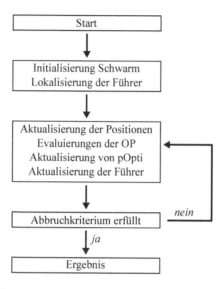

Abbildung 2.5: Ablaufdiagramm der PSO nach [68]

3 Relevante Betriebsparameter

In diesem Kapitel werden die relevanten Betriebsparameter (BP), die Einfluss auf den Energieverbrauch beim Transportprozess und damit auch auf das Energieladen haben, vorgestellt und erläutert. Zunächst werden die e-taxispezifischen Betriebsparameter identifiziert und gruppiert. Anschließend wird der Einfluss der BP auf den Energieverbrauch analysiert und diskutiert. Dabei liegt der Fokus auf einer ganzheitlichen Betrachtung, die auch die Infrastruktur- und Umweltfaktoren mit einbezieht. Auf Basis dieser Ergebnisse wird in dem folgenden Kapitel das Simulations- und Optimierungs-Framework konzipiert. Des Weiteren dienen diese als Grundlage für die Betriebsparameterstudie in Kapitel 6.

3.1 Identifikation der Betriebsparameter

Zur methodischen Identifikation der relevanten BP und Beschreibung von deren Einfluss auf den Energieverbrauch wird die 3x3 Parametermatrix aus [31] angewandt, welche in Abbildung 3.1 dargestellt ist. Diese Methode unterscheidet zwischen äußeren und inneren BP. Die Abgrenzung erfolgt auf Fahrzeugebene bis zum Energiespeicher. Zu den Inneren zählen der Antriebsstrang, die Komfortsysteme und das spezifische System, die jeweils BP-Gruppen bilden. Die Tabelle 3.1 listet die e-taxispezifischen BP dieser Gruppe auf.

Tabelle 3.1: Innere e-taxispezifische Betriebsparameter

Antriebsstrang	Komfortsystem	Spezifische Systeme
Batterie	Klimatisierung	Taxameter
E-Maschine	Infotainment	Taxifunk
Aktuatoren	Beleuchtung	Taxischild

Die erste Gruppe Antriebsstrang beinhaltet den Energiespeicher, die Antriebsmaschinen inkl. Leistungselektronik, die Steuergeräte und Aktuatoren. Zur Gruppe der Komfortsysteme zählen Komponenten wie die Klimatisierung, die

© Springer Fachmedien Wiesbaden GmbH, ein Teil von Springer Nature 2019
R. Pfeil, *Methodischer Ansatz zur Optimierung von Energieladestrategien für elektrisch angetriebene Fahrzeuge*, Wissenschaftliche Reihe Fahrzeugtechnik Universität Stuttgart, https://doi.org/10.1007/978-3-658-25863-4_3

Fahrzeugbeleuchtung und die Multimediasysteme. Die dritte Gruppe bilden die spezifischen Systeme wie z. B. das Taxameter, Taxifunksystem oder das Taxischild. Für andere Anwendungen wie den Verteilerverkehr oder Einsatzfahrzeuge ist dies entsprechend für Arbeitsbühnen und Warn- und Informationsanzeigeeinrichtungen u.s.w. zu adaptieren. Die relevanten physikalischen Größen dieser BP-Gruppe sind die Energiespeichergröße, mechanische und elektrische Leistung sowie die Wirkungsgrade.

Die äußeren BP werden in die BP-Gruppen Nutzung, Infrastruktur und Umwelt unterteilt. Die Tabelle 3.2 listet diese ebenfalls für den E-Taxibetrieb auf.

Tabelle 3.2: Äußere e-taxispezifische Betriebsparameter

Nutzung	Infrastruktur	Umwelt
Fahrprofil	Depot	Umgebungstemperatur
Taxizustand	Taxiplätze	Lichtstrahlungsleistung
Ladestrategie	Ladepunkte	Verkehrsdichte

Zur Gruppe Nutzung zählen die Parameter Fahrprofil, Taxizustand und Ladestrategie. Das Fahrprofil repräsentiert die Größen Geschwindigkeits- und Höhenprofil. Beim Taxizustand wird zwischen „Frei", „Am Taxiplatz" und „Beauftragt" unterschieden. Zusammen mit dem Fahrprofil wird hieraus das für die Simulation und Optimierung notwendige Nutzungsprofil ermittelt. Der Betriebsparameter Ladestrategie definiert das Vorgehen für das Energieladen während und nach dem Fahrbetrieb. Die Gruppe Infrastruktur repräsentiert die Faktoren zu Depots, Taxiplätzen und Ladepunkten. Neben den geographischen Positionen und Entfernungen spielen die Fahrzeugstellflächen, Verfügbarkeit dieser und Nachfrage nach Beförderungsaufträgen eine Rolle. Taxiplatzabhängig sind hierbei die Frequentierung, mittlere Wartezeit und Distanz der Fahraufträge. Darüber hinaus sind die Lademöglichkeiten, d. h. die technischen Merkmale wie Ladeleistung, Energieübertragungs- und Anschlussart (vgl. Kapitel 2.5) sowie die Anzahl der Ladepunkte an den Depots, Taxiplätzen und öffentlichen Parkplätzen relevant. Lademöglichkeiten an den Taxiplätzen werden im Folgenden als ortsfeste taxispezifische Ladepunkte bezeichnet, die nur von Taxis genutzt werden dürfen. Für die Installation zusätzlicher Ladepunkte sind die Richtlinien und Voraussetzungen wie z. B. die Bauvorschriften oder die Leistungsfähigkeit des öffentlichen Stromnetzes zur Installation zu berücksichtigen. Die Nutzung, Wirtschaftlichkeit und Auswirkungen auf das öffentliche Stromnetz von Ladepunkten am Taxiplatz ist von der Anzahl an E-Taxis, der Frequentierung und Ladezeit abhängig. Zur Gruppe Umwelt zählen die Umgebungstemperatur, die Lichtstrahlungsleistung der Sonne sowie die Verkehrsdichte in einem definierten Gebiet.

3.2 Einfluss der Betriebsparameter auf den Energieverbrauch

Die in Abbildung 3.1 dargestellte 3x3 Parametermatrix abstrahiert den Energieverbrauch als Ergebnis des Ursachen-Wirkungs-Prinzips der BP [31].

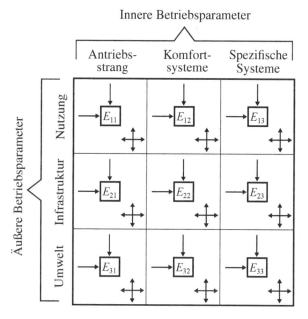

Abbildung 3.1: 3x3 Parametermatrix nach [31]

Diese Wechselwirkungen können direkt und verkettet, d. h., BP-gruppenübergreifend in allen Raumrichtungen auftreten. Z. B. resultiert aus der Nutzung des Fahrzeugs zum Transport von Personen oder Güter direkt ein Energieverbrauch im Antriebssystem E_{11}. Die Gegebenheiten der Infrastruktur stehen in

verketteter Wechselbeziehung zur Nutzung und Energieverbrauch im Antriebsstrang, wenn z. B. aufgrund des Nutzungsprofils ein Nachladen notwendig ist
und hierzu eine zusätzliche Strecke für die An- und Abfahrt zum Ladepunkt
zurückgelegt werden muss. Dieser zeitliche und energetische Aufwand wird
im Folgenden als Blindaufwand des Zwischenladevorgangs (ZLV) bezeichnet.
Ein direkter Zusammenhang besteht zwischen den Wechselwirkungen der Infrastruktur und den Komfort- sowie spezifischen Systemen, z. B. in dem Fall
des ZLV am Taxiplatz. Hier kann der Energieverbrauch der Komfort- und spezifischen Systeme aus der Ladeenergie der Infrastruktur gedeckt werden. Der
Energieverbrauch der einzelnen Matrixkomponenten kann sowohl positive als
auch negative Werte annehmen. Der Gesamtenergieverbrauch ist als Summe
aller Matrixkomponenten der Interaktionen der inneren und äußeren BP definiert:

$$E_{Ges} = \sum E_{m,n} \qquad\qquad \text{Gl. 3.1}$$

Die 3x3 Parametermatrix dient als Leitfaden zur Identifikation der relevanten
Betriebsparameter und zur Analyse der Auswirkungen dieser auf den Energieverbrauch. Durch die ganzheitliche Betrachtung werden neben den direkten
auch verketteten Wechselwirkungen berücksichtigt. Auf Basis dieser Abstrahierung wird im Folgenden das Simulations- und Optimierungs-Framework
entwickelt.

4 Optimierung

Auf Basis der erläuterten Problemstellung und Forschungsfragen und unter Berücksichtigung des aktuellen Stands der Technik wird in diesem Kapitel ein neuer methodischer Optimierungsansatz entwickelt. In diese Entwicklung fließen die zuvor gewonnenen Erkenntnisse der relevanten Betriebsparameter ein. Im ersten Unterkapitel wird der methodische Ansatz vorgestellt. Anschließend wird der Optimierungsgegenstand definiert und abgegrenzt. Zum Schluss werden das verwendete Optimierungsverfahren und deren spezifische Anpassungen erläutert und die Parameterwahl diskutiert.

4.1 Methodischer Ansatz

Zur Optimierung der Lade- und Nutzungsstrategie von einem elektrisch angetriebenen Fahrzeug innerhalb einer Fahrzeugflotte wird der im Rahmen dieser Arbeit neu entwickelte methodische Optimierungsansatz angewandt. Wie zuvor erläutert, sind in bisher bekannten Simulations- und Optimierungsansätzen der Fahrzeugenergiespeicher und -energieverbrauch nicht ausreichend detailliert modelliert. Zur Berücksichtigung aller relevanten Betriebsparameter ist allerdings eine detaillierte Verkehrs- und Fahrzeugsimulation notwendig. Darüber hinaus ist eine Parallelisierung bzw. Koppelung der beiden Simulationen von Vorteil. Hierdurch lassen sich die Simulationszeit reduzieren und die Effizienz der Optimierung steigern. Die Hintergründe werden im nachfolgenden Kapitel ausführlich beschrieben. Die Abbildung 4.1 stellt abstrahiert den logischen Aufbau und den Ablauf des Optimierungsansatzes dar.

Zunächst werden mit der 3x3 Parametermatrix das aus einer Datenaufzeichnung resultierende oder statistisch generierte repräsentative Nutzungsprofil sowie die Infrastruktur- und Umweltparameter analysiert und strukturiert. Aus diesem Datensatz wird die Initial-Lösung gebildet, die als Referenz zur Optimierungslösung herangezogen wird. Die Verkehrssimulation simuliert die Interaktionen von einem definierten Fahrzeug mit der Infrastruktur und weiteren Verkehrsteilnehmern. An der Schnittstelle zwischen der Verkehrs- und

© Springer Fachmedien Wiesbaden GmbH, ein Teil von Springer Nature 2019
R. Pfeil, *Methodischer Ansatz zur Optimierung von Energieladestrategien für elektrisch angetriebene Fahrzeuge*, Wissenschaftliche Reihe Fahrzeugtechnik Universität Stuttgart, https://doi.org/10.1007/978-3-658-25863-4_4

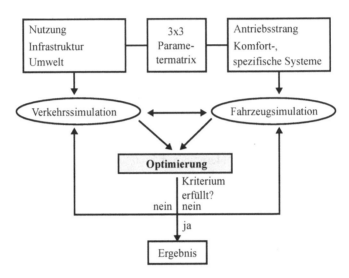

Abbildung 4.1: Methodischer Optimierungsansatz

Fahrzeugsimulation werden u. a. die Parameter Fahrzeuggeschwindigkeit, Steigungswinkel und Zeitschritt ausgetauscht. Die Fahrzeugsimulation ermittelt auf Basis der Fahrdaten aus der Verkehrssimulation den Energieverbrauch und den Ladezustand der Batterie. Auf die Modellierung und Parametrisierung dieser Simulationen wird im nächsten Kapitel detailliert eingegangen. Die im Folgenden erläuterte Optimierung analysiert die Daten des Verkehrsdynamik- und Fahrzeugmodells und ermittelt iterativ z. B. eine optimierte Nachladestrategie für ein einzelnes Fahrzeug oder eine Flotte. Der Optimierungsvorgang wird so lange fortgeführt, bis die definierten Kriterien erfüllt sind. Der mittlere Zeitbedarf $\bar{t}_{Opti}$ für den Optimierungsvorgang ist von der Größe der Population $n_{(Pop)}$ und der Anzahl der Iterationen n_{Iter} linear abhängig:

$$\bar{t}_{Opti} = n_{Pop}(n_{Iter} + 1)\bar{t}_{Sim} \qquad \text{Gl. 4.1}$$

Die gemittelte Simulationszeit $\bar{t}_{Sim}$ zur Evaluierung der Zielfunktionen setzt sich aus der Berechnungszeit der Verkehrs- und Fahrzeugsimulation zusammen. Diese Evaluierung erfolgt systembedingt, aufgrund der zur Verfügung stehenden Schnittstelle zwischen dem Verkehrsdynamikmodell und der Simulationssteuerung, seriell für jedes Individuum der Population. Eine Parallelisierung ist durch entsprechenden Aufwand möglich. Für das Anwendungsbeispiel

E-Taxi aus Kapitel 6 beträgt die durchschnittliche Simulationszeit ca. 20 Minuten für eine sechsstündige Taxischicht. Die Optimierung mit einer Population von 10 Individuen und 20 Iterationsschritten benötigt auf dem Referenzsystem (s. Anhang Tabelle A.2) im Mittel 4200 Minuten bzw. 2,9 Tage. Auf die Modellierung und Funktionsweise des Optimierungs-Frameworks wird in Kapitel 5 detailliert eingegangen.

4.2 Optimierungsgegenstand

Wie in Kapitel 1.3 erläutert ist der Optimierungsgegenstand der Transport von Personen und Gütern durch einzelne BEV. Die Abbildung 4.2 stellt die Abstraktion des Transportprozesses unter Berücksichtigung der in Kapitel 1 beschriebenen Problemstellung des GVRP, d. h. die limitierten Reichweiten und erhöhten Nachladezeiten von BEV, dar. Der Quell- und Zielknoten ist ein Depot (D). In diesem Fall ist der Start- und Zielknoten der selbe Ort. Ein Mehrdepotbetrieb oder so genannte „Free-floating Carsharing" Modelle ohne feste Depots, wie z. B. von der car2go GmbH angeboten, werden in dieser Darstellung nicht betrachtet. Der Transport der Güter und Personen erfolgt von mindestens einem beliebigen Knoten n zum Folgenden $n + 1$. Die Distanzen der Trajektorien zwischen den Knoten werden mit der Variable d beschrieben, die Indizes kennzeichnen die Zwischenknoten und Transportrichtung. Der SOC der HV-Batterien ist ebenfalls indiziert. Der Betriebszustand des Zwischenladevorgangs wird mit einem hochgestellten Stern gekennzeichnet. In der Angabe der Ladezeit ist das An- und Abmelden des BEV an dem LP sowie das Herstellen der elektrischen Verbindung bei konduktiven Ladevorgängen berücksichtigt. Das Nutzungsprofil resultiert aus den Transportanforderungen. Variiert und optimiert werden der Zeitpunkt und die Ladedauer des LV. Die Fahrroute von Quell- zu Zielknoten ist definiert von Knoten n bis n+1. Darüber hinaus werden auch die Randbedingung wie Gesetzgebung zu Arbeits- und Lenkzeiten sowie die Gewohnheiten des Fahrers berücksichtigt.

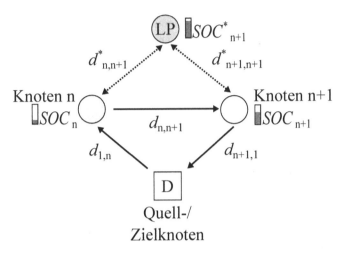

Abbildung 4.2: Abstrahierte Darstellung des GVRP für BEV, bestehend aus den Quell-/ Zielknoten und den Zwischenknoten einer Trajektorie. Der Knoten „LP" kennzeichnet den Ladepunkt.

4.2.1 Optimierungsparameter

Allgemein lassen sich aus den Betriebsparametern (vgl. Kapitel 3) m beeinflussbare Optimierungsparameter (OP) ableiten. Diese OP werden zu einem Vektor zusammengefasst:

$$\vec{x}_{OP} = \begin{pmatrix} x_1 \\ \vdots \\ x_m \end{pmatrix}$$ Gl. 4.2

Wie durch die 3x3 Parametermatrix beschrieben beeinflussen die BP den Energieverbrauch und damit die Ladestrategie. Auf Basis der Forschungsfragen werden in dieser Arbeit mittels des multikriteriellen Optimierungsverfahrens exemplarisch die beiden OP, Zeitdauer des Ladevorgangs t_{LV} und die SOC-Schwelle ξ_{LV} variiert. Die SOC-Schwelle definiert den Zeitpunkt, ab dem eine Lademöglichkeit aufgesucht werden soll, sobald diese unterschritten wird.

Die OP lassen sich zu dem Vektor $X_{OP,LV}$ zusammenfassen. Es ist möglich, weitere OP x_m zu definieren. Werden mehrere LV-Strategien kombiniert angewandt und optimiert, entsteht eine $m \times n$-Matrix. Darüber hinaus ist es mit

Tabelle 4.1: Optimierungsparameter der Ladestrategie aus der äußeren Betriebsparametergruppe Nutzung

Variable	Beschreibung	Einheit
t_{LV}	Zeitdauer des Ladevorgangs	s
ξ_{LV}	SOC-Schwelle zum Laden	%

diesem Ansatz möglich, OP aus den anderen Betriebsparametergruppen wie
Infrastruktur, Antriebsstrang, Komfortsysteme und spezifische Systeme zu definieren.

$$X_{OP,LV} = \begin{pmatrix} t_{11} & \cdots & t_{1n} \\ \xi_{21} & \cdots & \xi_{2n} \\ \vdots & \ddots & \vdots \\ x_{m1} & \cdots & x_{mn} \end{pmatrix} \qquad \text{Gl. 4.3}$$

4.2.2 Zielfunktion

Für die Bewertung der Optimierung ergeben sich allgemein im Falle von m
veränderlichen OP je Betriebsparametergruppe (Nutzung, etc.) folgende Zielfunktion:

$$f = f(X_{OP}), \text{ mit } X_{OP} = \begin{pmatrix} x_{11} & \cdots & x_{1n} \\ \vdots & \ddots & \vdots \\ x_{m1} & \cdots & x_{mn} \end{pmatrix} \qquad \text{Gl. 4.4}$$

Werden n Betriebsparameterklassen parallel optimiert, lassen sich diese ebenfalls in einem Vektor zusammenfassen:

$$\vec{f} = \begin{pmatrix} f_1(X_{OP}) \\ \vdots \\ f_m(X_{OP}) \end{pmatrix} \qquad \text{Gl. 4.5}$$

Auf Basis der Forschungsfragen und Zielsetzung werden bezüglich der Gesamtbetriebszeit (GBZ) und des minimalen SOC folgende Zielfunktionen definiert:

$$\vec{f}_1(X_{OP}) = t_{GBZ}$$
$$\vec{f}_2(X_{OP}) = SOC_{min}$$

Gl. 4.6

Die GBZ beinhaltet den Zeitbedarf vom Verlassen des Depots bis zur Ankunft am Ende des Fahrbetriebs inklusive Schlussladevorgang zum Erreichen des Start-SOC oder einem entsprechend definierten SOC. Im Vergleich zur reinen Betriebszeit des Fahrbetriebs zwischen dem Start- und Zielknoten wird hierdurch die Fahrzeugübergabe und damit die Fortführung des Fahrbetriebs bei der Optimierung berücksichtigt. Zunächst soll der nächste Fahrer den Fahrbetrieb mit dem selben Ladezustand beginnen können wie der vorherige Fahrer. Für die Zielfunktion der GBZ wird ein Minimum gegenüber der Referenzzeit ohne Zwischenladevorgang (ZLV) gesucht. Hingegen soll für den minimalen SOC ein Maximum bis zur Grenze von 100 % bei der Optimierung gefunden werden. Aus diesem Grund sind die Optimierungskriterien konträr.

4.2.3 Randbedingungen

Wie bereits angesprochen werden für die definierten OP sowie für die Zielgrößen RB definiert. Nach Mastinu et al. können diese in der Form von Gleichungen oder Ungleichungen für k verschiedene Bedingungen wie folgt allgemein dargestellt werden [77]:

$$\vec{g} = \begin{pmatrix} g_1(x_{OP}) \\ \vdots \\ g_k(x_{OP}) \end{pmatrix}, \text{ mit } g_i(x_{OP}) \leq 0 \, \forall i \in \mathbb{N}$$

Gl. 4.7

In dieser Arbeit wird jeder Optimierungsparameter x_{OP} durch ein Minimum x_{min} und Maximum x_{max} begrenzt. D. h. es wird für jede definierte Bedingung eine untere und obere Grenze (UG) und (OG) festgelegt. Diese lassen sich als Vektoren für den vorliegenden Fall wie folgt zusammenfassen:

$$\vec{UG} = \begin{pmatrix} t_{LV,min} \\ \xi_{LV,min} \end{pmatrix} \text{ und } \vec{OG} = \begin{pmatrix} t_{LV,max} \\ \xi_{LV,max} \end{pmatrix} \qquad \text{Gl. 4.8}$$

Vaillant führt in [78] zusätzlich eine lineare Ungleichung wie folgt ein, um verkettete Randbedingungen von OP formulieren zu können.

$$A \cdot \vec{x}_{OP} \leq b \qquad \text{Gl. 4.9}$$

Auf Basis des Matrix-Vektor-Produkts können die Beschränkungen des Vektors b für die entsprechenden OP des Vektors $\vec{x}_{OP}$ kombiniert werden, wenn die Spalteneinträge der Matrix A entsprechend gesetzt sind. Sinnvoll ist dies z. B. für die Optimierung von Antriebsstrang-Konfigurationen, da hierbei die Grenze für mehrere Komponenten des selben Typs wie die Antriebsmaschinen der Vorder- und Hinterachse kombiniert festgelegt werden können.

4.3 Optimierungsalgorithmus mit Parameterwahl

Zur Lösung der multikriteriellen Optimierungsprobleme wird die zuvor eingeführte PSO, in der Fachliteratur als „Multiple Objective" MOPSO bezeichnet, eingesetzt. Als Basisansatz dient der von Coello Coello et al. entwickelte Algorithmus [74]. Erweitert wird dieser mit dem von Tripathi et al. vorgestellten „Time Variant" MOPSO (TV-MOPSO) Ansatz, der die Steuerungsparameter (w, C_1 und C_2) in Abhängigkeit des Fortschritts der Optimierung auf Basis der Iterationen (It) anpasst. Durch diese Erweiterung wird die Leistungsfähigkeit gegenüber dem MOPSO, hinsichtlich der Konvergenzgeschwindigkeit der Pareto-Front und gleichmäßigen Abdeckung der pareto-optimalen Lösungen auf dieser, verbessert [70]. Die Gleichungen 4.10 bis 4.12 definieren die Anpassung der Steuerungsparameter des TV-MOPSO:

$$w_t = (w_1 - w_2) \frac{It_{max} - It}{It_{max}} + w_2 \qquad \text{Gl. 4.10}$$

$$C_{1t} = (C_{1f} - C_{1i})\frac{It}{It_{max}} + C_{1i} \qquad \text{Gl. 4.11}$$

$$C_{2t} = (C_{2f} - C_{2i})\frac{It}{It_{max}} + C_{2i} \qquad \text{Gl. 4.12}$$

Die Steuerungsparameter werden in jedem Iterationsschritt neu berechnet. Zu Beginn der Optimierung konzentrieren sich die Individuen auf deren eigene Erfahrung bzw. persönlichen Optimum und bewegen sich mit geringer Trägheit vergleichsweise schnell im Suchraum. Hingegen beziehen die Individuen bei der Ermittlung des Geschwindigkeitsvektors gegen Ende der Optimierung die Positionen der Führungsindividuen auf der Pareto-Front stärker mit ein. Zudem erfolgen die Bewegungen durch die erhöhte Trägheit langsamer als zu Beginn. D. h. das Suchverhalten ändert sich im Laufe der Optimierung von einer individuellen Grob- in eine gemeinschaftliche Feinsuche. Eine in dieser Arbeit zusätzlich implementierte Erweiterung ist die Messung der Hypervolumen, die als zweites Kriterium zur Bewertung der pareto-optimalen Lösungen eingesetzt wird [79]. Diese Erweiterung ersetzt die beim MOPSO üblicherweise eingesetzte Auswahl der Führungsindividuen nach dem Zufallsprinzip und verbessert die gleichmäßige Verteilung der Lösungen auf der Pareto-Front durch die gezielte Auswahl der Führungsindividuen.

Die Untersuchungen von Coello Coello et al. und Engelbrecht zeigen, dass die Parametrisierung der Steuerungsparameter die Leistungsfähigkeit der eingesetzten Optimierungsmethode im Kontext zum zu optimierenden Problem beeinflussen [74, 80]. Beeinflusst werden Eigenschaften wie Konvergenzgeschwindigkeit, Konvergenz zum theoretischen Pareto-Optimum sowie die Fähigkeit globale Optima zu finden. Tripathi et al. untersuchten dies am Beispiel gängiger multikriterieller Testfunktionen und erzielte mit folgender Parametrisierung für $C_{1i} = 2{,}5$, $C_{1f} = 0{,}5$, $C_{2i} = 0{,}5$, $C_{2f} = 2{,}5$, $w_1 = 0{,}7$ und $w_2 = 0{,}4$ bessere Optimierungsergebnisse hinsichtlich der Eigenschaften als die häufig in den Ingenieurwissenschaften eingesetzten EA, wie der (NSGA-II) und der (PESA-II) [70]. In dieser Arbeit wird diese Parameterwahl eingesetzt. Darüber hinaus beeinflussen die Populationsgröße N_{Pop} und Iterationsschritte N_{Iter} die genannten Eigenschaften. Mit steigender Anzahl an Iterationsschritten und Größe der Population nimmt die Wahrscheinlichkeit das theoretische Pareto-Optimum zu erreichen zu. Bezüglich der Populationsgröße ist zu erwarten, dass mit steigender Anzahl an Individuen sich die Fähigkeit globale Optima zu finden verbessert und die Konvergenzgeschwindigkeit erhöht. Allerdings steigt basierend auf Gleichung 4.1 die Optimierungsdauer linear zur Populationsgröße und Anzahl der Iterationsschritte an. Im Folgenden werden zur Ermittlung der geeigneten Wahl dieser Parameter die Optimierungsergebnisse von verschiedenen Parametrierungen verglichen. Als Optimierungsproblem wird das Praxisbeispiel E-Taxi aus Kapitel 6 herangezogen. In Tabelle 4.2 ist die für die folgende Untersuchung definierte Parameterauswahl inkl. Optimierungszeit mit dem Rechnersystem (s. Tabelle A.2 im Anhang) aufgelistet.

Tabelle 4.2: Parametervariation des TV-MOPSO Optimierungsalgorithmus

N_{Pop}	N_{Iter}	Optimierungszeit in h
5	10	18,3
5	20	35
5	50	85
5	100	168,3
10	10	36,6
10	20	70
10	50	170
10	100	336,6

Die Ergebnisse der Untersuchung der definierten Parametersätze sind in Abbildung 4.3 dargestellt. Das obere Diagramm zeigt alle Optimierungslösungen mit der Populationsgröße $N_{Pop} = 5$ und das untere Diagramm für $N_{Pop} = 10$, sowie die Pareto-Fronten für die als Abbruchkriterium definierten Iterationsschritte 10, 20, 50 und 100. Für jeden Parametersatz in der Tabelle 4.2 wird eine eigene Optimierungssimulation durchgeführt. Damit lassen sich die Auswirkungen des heuristischen Optimierungsansatzes und der zufälligen Verteilung der Individuen im Suchraum bei der Initialisierung auf die Optimierungsergebnisse beurteilen. Zur besseren Vergleichbarkeit sind die Lösungen normiert dargestellt, d. h. für die GBZ und den minimalen SOC bezogen auf deren Maximalwerte der ermittelten Lösungen. Aus Sicht des Optimierers liegt das Optimum der konträren Optimierungskriterien im Punkt (0|1), was aufgrund des vorgegeben Nutzungsprofils und in der Realität nicht zu erreichen ist. Denn bei einer GBZ von null Stunden kann kein Taxi- bzw. Fahrbetrieb stattfinden. Auf die Randbedingungen und das zugrunde liegende Szenario und Nutzungsprofil wird an dieser Stelle nicht eingegangen und auf das Kapitel 6 verwiesen. In dem Bereich von (0,7|0,4) bis (0,75|0,8) werden für die Optimierung mit $N_{Pop} = 10$ und $N_{Iter} \leq 20$ hinsichtlich der GBZ geringfügig bessere Pareto-

Fronten ermittelt, als mit $N_{Pop} = 5$. Wie erwartet verbessert sich mit steigender Anzahl an Iterationsschritten die Konvergenz der Pareto-Front zum theoretisch möglichen Pareto-Optimum. Nach 50 und 100 Iterationsschritten sind
die Pareto-Fronten für beide Populationsgrößen identisch. Darüber hinaus ist
in diesem Bereich zu beobachten, dass je nach Optimierungsszenario und den
definierten Randbedingungen Optimierungslücken vorhanden sein können. In
Kapitel 6 wird hierauf und auf das Optimierungsszenario näher eingegangen.
In dem Bereich (0,7|0,8) bis (0,8|1) zeigt sich das selbe Muster für das Kon-
vergenzverhalten, mit einer positiven Ausnahme für die Populationsgröße 10
nach 20 Iterationsschritten gegenüber den anderen Optimierungen, wie für den
Bereich zuvor. Die Ursache hierfür liegt im heuristischen Optimierungsansatz
und der zufälligen Verteilung der Individuen im Suchraum. Gegen Ende der
Pareto-Fronten (1|1) werden die Unterschiede der Parametrierungen aufgrund
der definierten Grenzen der OP immer geringer.

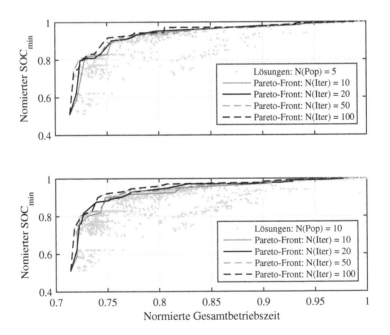

Abbildung 4.3: Ergebnisse der Parametervariation des TV-MOPSO Optimierungsalgorithmus auf Basis des Optimierungsproblem aus Kapitel 6.

Infolge des erheblichen Simulationsaufwands und der damit verbundenen zeit-
aufwendigen Evaluierung sowie des komplexen und volatilen Optimierungsproblems wird ein Abbruchkriterium auf Basis der minimalen Verbesserung
des Pareto-Optimums nicht angewandt. Stattdessen wird in dieser Arbeit als
Abbruchkriterium die maximale Anzahl von Iterationsschritten eingesetzt. Wie
in Kapitel 2 erläutert, ist hierdurch die Optimierungsdauer berechenbar und die
Echtzeitfähigkeit der Optimierung gewährleistet. Die Ergebnisse der Untersuchung der Parametervariation zeigen für die Populationsgröße von $N_{Pop} = 10$
und Iterationsschritten $N_{Iter} = 20$ im Vergleich zur resultierenden Optimierungszeit den besten Kompromiss. Die in dieser Arbeit durchgeführten Optimierungen werden mit dieser Parametrierung durchgeführt.

5 Modellbildung und Simulation

Aufbauend auf dem neu entwickelten methodischen Optimierungsansatz erfolgt in diesem Kapitel die Umsetzung des Simulations- und Optimierungs-Frameworks. Nach dem Vorbild der 3x3 Parametermatrix wird das Framework modular aufgebaut und berücksichtigt die äußeren wie inneren Betriebsparameter. Die einzelnen Simulationsmodelle werden detailliert erläutert und für die exemplarische Anwendung im darauffolgenden Kapitel mittels real gemessener Daten parametrisiert und validiert. Allgemein richten sich an die Simulationsmodelle folgende Anforderungen mit absteigender Gewichtung:

- Zeitdiskret und echtzeitfähig

- Online-fähig

- Geringer Simulationsaufwand und kurze Rechenzeit

- Hohe Genauigkeit der relevanten Simulationsgrößen

Aufgrund des modularen Aufbaus und des Austauschs der Simulationsgrößen müssen diese zeitdiskret berechnet werden. Um eine Aussage zur Simulationszeit treffen zu können, sind alle Module echtzeitfähig. Aus diesem Grund wird wie im Unterkapitel 4.3 zuvor erläutert als Abbruchkriterium der Optimierung eine feste Anzahl an Iterationsschritten vorgegeben. Die Online-Fähigkeit ermöglicht das simultane Auswerten der Simulationsergebnisse zur Simulation und die Reaktion auf diese wie z. B. durch den Einsatz einer Ladestrategie oder den Abbruch der Simulation bei einem SOC von null Prozent. Aufgrund der mehrstündigen Einsatz- und Nutzungsprofile ist der Simulationsaufwand zu berücksichtigen und die Rechenzeit minimal zu halten. Bezüglich der physikalischen Größen ist eine Genauigkeit zu erreichen, die die Realität bestmöglich abbildet. Besonderes Augenmerk liegt hierbei auf der Energieverbrauchsermittlung und Batteriebilanzierung. Die Genauigkeit und der geringe Simulationsaufwand können hierbei konkurrierende Anforderungen sein. Dies wird im Folgenden analysiert und ggf. ein Kompromiss bei der Umsetzung getroffen.

© Springer Fachmedien Wiesbaden GmbH, ein Teil von Springer Nature 2019
R. Pfeil, *Methodischer Ansatz zur Optimierung von Energieladestrategien für elektrisch angetriebene Fahrzeuge*, Wissenschaftliche Reihe Fahrzeugtechnik Universität Stuttgart, https://doi.org/10.1007/978-3-658-25863-4_5

5.1 Simulations- und Optimierungs-Framework

Basierend auf dem entwickelten Optimierungsansatz wird das Simulations-
und Optimierungs-Framework abgeleitet, welches in Abbildung 5.1 dargestellt
ist. Der modulare Aufbau beinhaltet die Betriebsparametereingabe, das Verkehrsdynamikmodell, das Fahrzeugmodell, die Optimierung sowie die Ergeb-
nisausgabe.

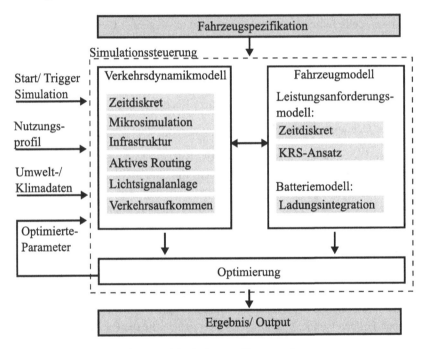

Abbildung 5.1: Simulations- und Optimierungs-Framework

Eingangsgrößen sind das Nutzungsprofil, die Fahrzeugspezifikation sowie die
Umwelt- und Klimadaten. Die Fahrzeugspezifikation beinhaltet u. a. die technischen Daten des Fahrzeugs sowie die Wirkungsgradkennlinien und -kennfelder
der Fahrzeugkomponenten. Diese Daten werden zur Simulation der Fahrzeugdynamik und Ermittlung des Energieverbrauchs sowie Ladezustands herangezogen. Das Verkehrsdynamikmodell simuliert mikroskopisch die Interaktionen von Fahrzeug und Fahrzeugflotten mit der Infrastruktur und den Verkehrsteilnehmern. In diesem Simulationsmodell sind die geographischen Informa-

tionen wie Straßennetz, Ladestellennetz, etc. einer zuvor ausgewählten Region als gerichteter Graph hinterlegt. Routing-Algorithmen ermöglichen das Ermitteln von Trajektorien während der Simulation des Fahrbetriebs innerhalb der Grenzen des Streckennetzes. Das Verkehrsaufkommen kann durch vordefinierte Verkehrsszenarien oder Echtzeitdaten nachgebildet werden. An der Schnittstelle zwischen dem Verkehrsdynamik- und Fahrzeugmodell werden u. a. die Parameter Fahrzeuggeschwindigkeit, Steigungswinkel und die Zykluszeit übergeben. Das Fahrzeugmodell ermittelt auf Basis der Fahrdaten des Verkehrsdynamikmodells den Leistungsbedarf mit dem KRS-Ansatz, den Energieverbrauch und Ladezustand der Batterie mittels Ladungsintegration. Auf die Modellierung und Parametrisierung des Verkehrsdynamik- und Fahrzeugmodells wird im Folgenden detailliert eingegangen. Alle berechneten Größen im Optimierungs-Framework werden zeitdiskret und in jedem Simulationsschritt berechnet und für nachfolgende Auswertungen gespeichert.

5.2 Dynamische Simulationssteuerung

Die Umsetzung der Simulationssteuerung des Frameworks erfolgt mittels MATLAB® von MathWorks. Wie in Abbildung 5.1 dargestellt sind die Simulations- und Optimierungsmodule Verkehrsdynamik-, Fahrzeug- und Optimierungsmodell in die Steuerung integriert. Der Zugriff auf die gemeinsamen Ressourcen und die Verwaltung der einzelnen Module basiert auf dem Master-Slave-Prinzip. Die Simulationssteuerung ist der Master, die Simulations- und Optimierungsmodule sind die Slaves. Die wesentlichen Funktionen der dynamischen Simulationssteuerung sind:

- Konfigurationsverwaltung

- Simulationsstart und -stopp

- Synchronisierung und Folgezähler

- Lesen und Schreiben von internen und externen Daten

- Aufruf von Softwaremodulen

- Datenaustausch zwischen den Modulen

• Endliche Automaten

Für die Module Fahrzeug- und Optimierungsmodell, die mit MATLAB® umgesetzt sind, ist die Einbindung in die Simulationssteuerung ohne zusätzliche
Software oder Laufzeitumgebungen möglich. Die Umsetzung der Verkehrssimulation basiert nicht auf MATLAB® oder einem anderen Softwaretool von
MathWorks. Darüber hinaus stehen keine Schnittstellen in MATLAB® oder
dem Verkehrsdynamikmodell zur Verfügung, mit diesen die direkte Anbin-
dung erfolgen könnte. Wie in dem Ansatz von [81] wird aus diesem Grund
das „Traffic Control Interface" (TraCI) und dessen Funktionsbibliotheken zur
Kommunikation zwischen diesen Modellen eingesetzt.

TraCI ist eine Open-Source Softwarearchitektur mit dem Ziel, eine mikroskopische Verkehrssimulation mit einer zweiten Software z. B. einem Netzwerk-
simulator für Fahrzeug-zu-Fahrzeug- (C2C) oder Fahrzeug-zu-Infrastruktur-
Kommunikation (C2I) Simulationen zu koppeln [82]. Die Nutzung von TraCI
ermöglicht die Steuerung der Verkehrssimulation in jedem Simulationsschritt.
Es lassen sich die längsdynamischen Fahrzeugzustände abrufen sowie die Parameter für die nächsten Simulationsschritte setzen oder anpassen. Z. B. ist es
möglich, für ein oder mehrere Fahrzeuge die Geschwindigkeit zu reduzieren
oder diese an einer definierten Stelle für eine bestimmte Zeit stoppen zu lassen.
Des Weiteren können das Fahrziel, die Route bis hin zur Fahrspur geändert
werden. Der Vorteil dieses Ansatzes ist, dass Anpassungen und Optimierungen eines Optimierungsszenarios unmittelbar vorgenommen werden können.
Andernfalls müsste das definierte Szenario bis zu den Endbedingungen simuliert werden, ehe auf Basis der Simulationsergebnisse die Analysen und Optimierungen vorgenommen werden können. Dieser Ansatz bietet die Möglichkeit, die Simulation aufgrund einer leeren Batterie und dem Liegenbleiben des
BEV an dieser Stelle abzubrechen. Hierdurch lassen sich die Simulationszeit
und damit der Rechenaufwand reduzieren. Darüber hinaus können agentenba-
sierte Simulationen durchgeführt werden, in denen deren Verhalten auf Basis
bestimmter Ereignisse während der Simulation verändert werden kann. Mit
Bezug auf diese Arbeit ist hier die ZL-Strategie zu nennen, mittels der eine Lademöglichkeit aufgesucht wird nachdem ein bestimmter SOC unterschritten
ist. Nach [82] sind die Zeitbedarfe von Analyse- und Optimierungsvorhaben
bei identischen Szenarien durch den Einsatz von TraCI erheblich kürzer als
ohne. Die Schnittstelle, die TraCI zwischen der mikroskopischen Verkehrssimulation und dem Simulations- und Optimierungs-Framework aufbaut, basiert
auf dem Server-Client-Prinzip. Für weitere Details bezüglich der Systemarchi-

tektur, Protokollen und Datentypen von TraCI wird an dieser Stelle auf [82] verwiesen.

Mittels endlichen Automaten werden innerhalb der Simulationssteuerungen an Bedingungen geknüpfte Zustandsänderungen modelliert. Exemplarisch wird dies durch die Anwendung folgender ZL-Strategie beim E-Taxibetrieb verdeutlicht: Die Aufgabe des als Agent definierten virtuellen Fahrers ist, eine Lademöglichkeit aufzusuchen, sobald ein definierter SOC unterschritten ist. Es wird angenommen, dass keine taxispezifische Ladeinfrastruktur zur Verfügung steht und hierzu nur öffentliche LP genutzt werden können, wodurch der Taxibetrieb aufgrund der gesetzlichen Bestimmungen des PBefG unterbrochen werden muss. Die Zustandsänderungen vom Taxibetrieb zum Ladebetrieb soll erfolgen, wenn ein bestimmter Wertebereich der Bedingung des Ladezustands erfüllt ist. Allerdings entspricht dieses Verhalten nicht in jedem Fall der Realität. Wird beim Zeitpunkt der Erfüllung der SOC-Bedingung ein Fahrgast befördert, soll zunächst keine Lademöglichkeit aufgesucht werden. Dies soll erst erfolgen, sobald der Fahrgast zum Fahrziel befördert wurde. Aus diesem Grund wird der Taxistatus als Nebenbedingung eingeführt und der virtuelle Taxifahrer sucht eine Lademöglichkeit erst auf, sobald beide Bedingungen erfüllt sind. Sind beim Ladevorgang eine oder mehrere definierte Bedingung wie z. B. die Ladezeit oder ein SOC zur Beendigung erfüllt, wird dieser beendet und der Taxibetrieb fortgeführt.

5.3 Verkehrsdynamikmodell

Als Verkehrsdynamikmodell wird das Tool „Simulation of Urban Mobility" (SUMO) eingesetzt. Die Simulationsumgebung SUMO ist ein Projekt des Instituts für Verkehrssystemtechnik am Deutschen Zentrum für Luft- und Raumfahrt (DLR). SUMO ist seit 2001 unter der „GNU General Public License" frei verfügbar. Die Simulationsumgebung ist in der Programmiersprache C++ umgesetzt, verwendet ausschließlich universell verfügbare Bibliotheken und ist auf den Betriebssystemen Windows und Linux einsetzbar [83]. Hierdurch ist es möglich, in SUMO implementierte Algorithmen wie z. B. das Fahrermodell anzupassen und zu veröffentlichen. Die Verkehrsszenarien werden auf mikroskopischer Ebene modelliert. Wie in Kapitel 2.2 erläutert, werden Fahrzeuge und Personen als Agenten mit selbständigen Verhaltensvorgaben definiert. Die Fahrzeugbewegungen werden in SUMO zeitdiskret und raumkontinuierlich berechnet [84]. Die Geschwindigkeitsprofile sind stufenlos und realistischer als bei reinen ZA. Als Fahrermodell kommt das Krauß-Modell, eine erweiterte Version des Gipps-Modells, zum Einsatz. Dieses Modell unterscheidet die Modi freie Fahrt und Verkehr. Bei der freien Fahrt orientiert sich das Fahrzeug an der zulässigen Höchstgeschwindigkeit des Streckenabschnitts. Die Unter- und Überschreitung sowie die Schwankung dieser kann parametrisiert werden. Im Verkehr berücksichtigt das Fahrermodell das vorausfahrende Fahrzeug und passt die eigene Geschwindigkeit entsprechend dem Abstand, der maximalen Verzögerungsbeschleunigung, der Reaktionszeit und der Geschwindigkeiten an [84]. SUMO stellt für verschiedene Fahrzeugklassen vordefinierte Parametersätze der Fahrermodelle zur Verfügung, die in der Konfigurationsverwaltung der Simulationssteuerung definierbar sind. Darüber hinaus lassen sich diese anpassen. In dieser Arbeit werden aufgrund des Anwendungsbeispiels die vordefinierten Parametersätze für Taxis verwendet [85]. Zur Erstellung des Straßennetzes werden die Daten aus OpenStreetMap (OSM) importiert. Die Ablaufpläne für die Lichtsignalanlage (LSA) werden mit dem in SUMO implementierten Algorithmus generiert. Die manuelle Anpassung dieser Ablaufpläne und Koppelung an virtuelle Induktionsschleifen ist möglich um z. B. verkehrsabhängige Steuerungen mit dynamischen grünen Wellen zu simulieren und optimieren. Die Verkehrssimulation SUMO ist durch dritte Programme wie MATLAB® mit dem im zuvor beschrieben Schnittstellentool TraCI steuerbar. Es lassen sich die Simulation starten und stoppen, online Daten und Parameter lesen, schreiben und anpassen. Die Zeitschrittweite der Simulation ist einstellbar. Diese sollte nicht länger als 0,5 Sekunden sein, um hinreichend genaue Ergebnisse in Verbindung mit dem im Folgenden vorgestellten Fahrzeugmodell zu erhalten. Kurze Schrittweiten erhöhen den Berechnungsaufwand und verlängern die Simulations- und Optimierungszeit. Für die Visualisierung der Fahrzeugbewegungen steht eine graphische Benutzeroberfläche (GUI) zur Verfügung. Einen Überblick über die Funktionen der Simulationsumgebung SUMO inkl. Erweiterungen geben die einzelnen Komponenten in Tabelle 5.1.

5.3.1 Infrastruktur

Die Infrastruktur ist das räumliche Straßennetzwerk, bestehend aus Knoten und Verbindungen in einem Koordinatensystem. Zur Infrastruktur gehören

Tabelle 5.1: Komponenten der Simulationsumgebung SUMO [83]

Komponente	Funktion
SUMO	Simulation mittels Kommandozeile
GUISIM	Simulation mittels grafischer Benutzeroberfläche
NETCONVERT	Import und Aufbereitung von Straßennetzen z. B. aus OSM-Daten
NETGENERATE	Generierung von synthetischen Netzen
OD2TRIPS	Konvertierung Origin-Destination-Matrizen in Einzeltrips der Fahrzeuge
JTRROUTER	Generiert Routen anhand von Abbiegewahrscheinlichkeiten
DUAROUTER	Generiert Routen basierend auf Verkehrsumlegung zur Erlangung eines dynamischen Nutzergleichgewichts
DFROUTER	Generiert Routen basierend auf Verkehrszählungen aus dem Netz
MAROUTER	Ermöglicht eine makroskopische Umlegung und Routengenerierung basierend auf Kapazitätsfunktionen

ebenfalls die „Points of Interest" (POI), wie z. B. Ladepunkte, Park- und Taxiplätze. Aus Datenverarbeitungsgründen werden auch vermeintlich räumliche Flächen wie Park- und Taxiplätze zu POI zusammengefasst. Die notwendige Datenbasis bilden die OSM-Daten, die mittels des SUMO-Tools NETCONVERT importiert und konvertiert werden. In der SUMO-GUI wird dieses Straßennetz in einem zweidimensionalen kartesischen Koordinatensystem, wie in Abbildung 5.2 zu sehen, dargestellt.

Zur Ermittlung des Höhenprofils werden die zweidimensionalen Streckeninformationen mit den Shuttle Radar Topography Mission (SRTM) Daten verknüpft. Die horizontale Auflösung der SRTM-1 Daten beträgt eine Bogensekunde[1] [86]. Die relative vertikale Genauigkeit ist ca. 10 Meter [87]. Aus den SRTM-1 Daten werden den Knoten der OSM-Daten beim Importieren in die SUMO-Datenbank die Information der Höhe über NN zugewiesen. Falls für diese schon Höhendaten vorliegen, werden diese überschrieben, um die Da-

---

[1] Eine Bogensekunde entspricht am Äquator ca. 30 Meter und verringert sich zu den Polen hin.

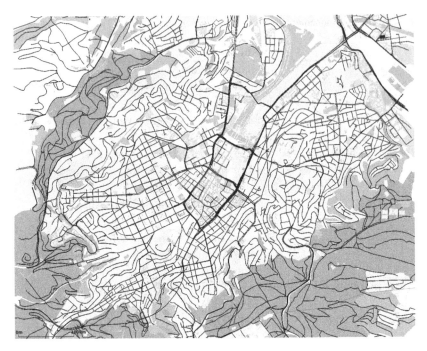

Abbildung 5.2: Straßennetz der Stuttgarter Innenstadt in SUMO

tenkonsistenz zu gewährleisten. Liegen die OSM-Knoten räumlich gesehen zwischen den SRTM-Datenpunkten, werden die Höhendaten linear interpoliert und das Ergebnis den OSM-Knoten zugeordnet. Brücken und Tunnel werden ebenfalls berücksichtigt. Dazu wird die Höhe zwischen dem Beginn und Ende eines Tunnels oder einer Brücke linear interpoliert. Hierdurch wird gewährleistet, dass das simulativ ermittelte Höhenprofil der Tunnelfahrt auch dieser entspricht und nicht der Fahrt über den Berg. Auf Basis des während der Simulation ermittelten Höhenprofils wird der Steigungswinkel α_{St} des Fahrzeugs berechnet und an das Fahrzeugmodell übergeben. Die Größe und der Detaillierungsgrad des Streckennetzes sind in dieser Arbeit aus Effizienzgründen hinsichtlich Datengröße und Simulationszeit auf das Zielgebiet und den Anwendungsfall begrenzt. Die reduzierte Datengröße verringert den Arbeitsspeicherbedarf und damit auch die Ladezeit beim Start der Simulation auf dem Simulationsrechner. Gerade bei Anwendungen wie der iterativen Optimierung und damit wiederholte Starten der Verkehrssimulation ist die Ladezeit der Simulation nicht vernachlässigbar. Aus diesem Grund werden nur die für den Straßenverkehr mit Kraftfahrzeugen relevanten Infrastrukturinformationen konvertiert und importiert. Verbindungen für u. a. Fußgänger, Schienen- und Wasserfahrzeuge werden nicht berücksichtigt. Diese können jedoch bei Bedarf ebenfalls aus den OSM-Daten konvertiert und in das SUMO Straßennetzwerk importiert werden. In den OSM-Daten sind auch Angaben zu POI enthalten. Falls diese für den entsprechenden Anwendungsfall (z. B. Taxiszenario) des Simulations- und Optimierungs-Frameworks jedoch nicht vorhanden oder unvollständig sind, können sie innerhalb des Frameworks über die Simulationssteuerung eingebunden werden.

5.3.2 Routing

Für das Routing, die Ermittlung der Trajektorie zwischen zwei oder mehreren Punkten innerhalb des Straßennetzes, wird der Dijkstra Routing-Algorithmus eingesetzt [84]. Neben der klassischen Suche nach der kürzesten Route stehen in SUMO auch Routing-Verfahren, die z. B. das Routen auf Basis von Abbiegewahrscheinlichkeiten unterstützen (vgl. Tabelle 5.1), zur Verfügung. In dem Simulations- und Optimierungs-Framework wird standardmäßig die Routing-Erweiterung DUAROUTER mit dem Dijkstra Routing-Algorithmus eingesetzt. Der Einsatz der anderen Erweiterungen ist im Simulations- und Optimierungs-Framework konfigurierbar und möglich. Benötigt werden hierzu zusätzliche Daten wie z. B. für den DFROUTER von Induktionsschleifen oder für den MAROUTER die O/D Matrizen, mit denen Verkehrsaufkommen simuliert werden können. In [38] sind die weiteren Routing-Verfahren von SUMO und deren Einstellungen detailliert beschrieben.

5.4 Fahrzeugmodell

Die simulative Ermittlung der Leistungsanforderung, des Energieverbrauchs und Ladezustands im Fahrzeugmodell erfolgt mittels zwei Untermodellen. Zunächst wird für den aktuellen Fahrzustand im Leistungsanforderungsmodell der Leistungsbedarf ermittelt und anschließend im Batteriemodell der Energieverbrauch und Ladezustand berechnet. Wie in Kapitel 2 erläutert existieren für die Antriebsstrangmodellierung verschiedene Umsetzungsmöglichkeiten, die sich hinsichtlich des Modellierungs- und Simulationsaufwands, der Genauigkeit der Ergebnisse sowie der notwendigen Datengrundlage unterscheiden. Nach [47] wirkt sich die Vereinfachung des Simulationsmodells und Reduzierung des Modellierungs- und Simulationsaufwands negativ auf die Genauigkeit der Simulationsergebnisse aus. Als Beispiel sind die zuvor erläuterten DVS- und KRS-Ansätze zu nennen. Auf Basis der oben definierten Anforderungen an die Simulationsmodelle und der Priorisierung dieser wird für das Leistungsanforderungsmodell der KRS-Ansatz zur Antriebsstrangmodellierung verfolgt. Um die Berechnungszeit weiter zu reduzieren, werden die Vereinfachung der KRS im folgenden Unterkapitel vorgenommen und die Ergebnisse hinsichtlich der Genauigkeit mit der DVS und der Realfahrt verglichen. Des Weiteren wird die Umsetzung des HV-Batteriemodells vorgestellt. Im letzten Abschnitt werden beide Modelle exemplarisch parametrisiert und die Übertragbarkeit auf andere Fahrzeuge nachgewiesen.

5.4.1 Leistungsanforderungsmodell

Basierend auf den zuvor definierten Anforderungen wird die Modellierung des Leistungsanforderungsmodells mit dem KRS-Ansatz aus Kapitel 2.3.2 umgesetzt. Dazu werden soweit möglich so genannte Look-up-Tabelle (LUT) eingesetzt, um den Simulationsaufwand und die Rechenzeit zu reduzieren. In diesen Tabellen werden die Informationen von z. B. Kennlinien oder Kennfeldern in Tabellenform gespeichert. Zur Simulationslaufzeit wird auf diese LUT zugegriffen, wodurch aufwendige Berechnungen vermieden werden. Das Vorgehen der Modellierung und Parametrisierung der DVS und LUT mit dem Instationärbetrieb zeigt die Abbildung 5.3. Die Modellierung ist in folgende drei Hauptschritte unterteilt.

Im ersten Schritt werden Realfahrten mit Messdatenaufzeichnung und anschließender Datenauswertung durchgeführt. Die Messfahrten sollten möglichst viele Betriebspunkte des Antriebsstrangs abdecken, um auf eine große und vielfältige Datengrundlage zur Parametrisierung und Validierung des Simulationsmodells zurückgreifen zu können. Dazu ist eine ausreichend lange Fahrstrecke oder Fahrzyklus mit einem repräsentativen Verhältnis, der nach den Richtlinien für integrierte Netzgestaltung alle drei Straßentypen Autobahn, Landstraße und Stadtstraße abdeckt, zu wählen [88]. Die Messtechnik wird

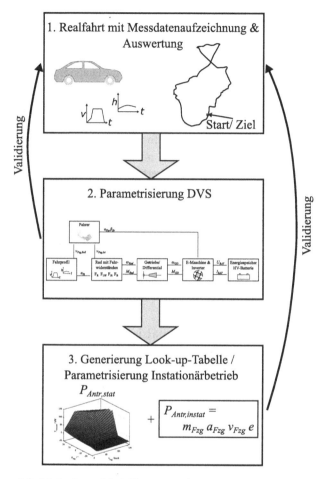

Abbildung 5.3: Methode zur Modellierung- und Parametrisierung des Leistungsanforderungsmodells

nach [89] ausgelegt, sodass die mit der 3x3 Parametermatrix identifizierten
Größen (s. Anhang Tabelle A.1) erfasst werden. Es besteht die Möglichkeit,
von der Fahrzeugelektronik gemessene und während der Fahrt verfügbare
Messgrößen zu nutzen. Dies reduziert erheblich den Bedarf an zusätzlicher
Messtechnik sowie den Installationsaufwand. Voraussetzung ist, dass die fahrzeuginternen Messgrößen in ausreichender Auflösung und während der Fahrt
ausgelesen werden können. Huynh hat hierzu ein Verfahren entwickelt und

dies für die Bewertung des Gesundheitszustands von Traktionsbatterien in Elektrofahrzeugen eingesetzt [90]. Bei diesem Verfahren erfolgt das Auslesen der fahrzeuginternen Messdaten durch Reizen von Diagnosebotschaften über die Schnittstelle der standardisierten „On-Board-Diagnose" (OBD). Dabei werden zyklisch Diagnoseanfragen für die entsprechende Information z. B. an das Steuergerät der Hochvolt-Batterie (HV) über die OBD-Schnittstelle gesendet. Das adressierte Steuergerät antwortet anschließend auf die gesendete Anfrage entweder positiv mit dem angeforderten Ergebnis oder negativ, falls die Anfrage nicht korrekt ist oder nicht mit den Antwortmöglichkeiten übereinstimmt. Falls das adressierte Steuergerät in dieser Fahrzeugvariante nicht vorhanden ist oder anderweitige Kommunikationsprobleme vorliegen, wird auf die Anfrage keine Antwort gesendet. Die Informationen zum Kommunikationsablauf und Interpretation der Antworten sind in den so genannten „Open Diagnostic Data Exchange" (ODX) Containern gespeichert. Die erfassten Messgrößen werden während der Messfahrt zwischengespeichert. Anschließend werden die Messdaten mit MATLAB® ausgewertet. Dazu kommen die in [89] entwickelten Algorithmen zur Datenaufbereitung und -auswertung zum Einsatz.

Im zweiten Schritt wird die DVS parametrisiert. Wie in [47] dargestellt, weisen dynamische Ansätze gegenüber kinematischen Ansätzen eine höhere Genauigkeit hinsichtlich der Simulationsergebnisse auf, was für die Parametrisierung der LUT von Vorteil ist. Darüber hinaus müssten zur Parametrisierung der LUT für den kompletten Betriebsbereich des Antriebsstrangs auf Basis von Realdaten entweder alle Fahrzustände in Abhängigkeit der Fahrzeuggeschwindigkeit und Steigungswinkel erfasst sein oder ein Fahrzeugrollenprüfstand zur Erfassung dieser Daten genutzt werden. Der Einsatz eines Rollenprüfstands sowie die Erfassung der Fahrzustände für die möglichen Kombinationen aus Fahrzeuggeschwindigkeit und Steigungswinkel ist zeitaufwendig und kostspielig. Aus diese Gründen wird in diesem Ansatz die DVS zur Generierung der LUT eingesetzt. Als DVS wird die FKFS-Triebstrangbibliothek zusammen mit der Gesamtfahrzeugsimulationsumgebung genutzt [91]. Diese Umgebung ist für längs- und querdynamische Fahrzeugsimulationen geeignet. Die Simulationsumgebung ist modular aufgebaut und wird mit MATLAB/SIMULINK® umgesetzt. Zur Parametrisierung der Modellkomponenten Rad, Getriebe inkl. Differenzial, Antriebsmaschine mit Inverter und Energiespeicher (vgl. Abbildung 2.4) werden die zur Verfügung stehenden technischen Daten des Fahrzeugs sowie dessen Antriebsstrangkomponenten und die aufgezeichneten Messdaten der Realfahrten aus Schritt 1 genutzt. Die Parametrisierung wird mit den Daten aus den Fahrversuchen validiert.

Im dritten Schritt werden mittels des parametrisierten DVS die LUT generiert und die Modellgleichungen des Instationärbetriebs der KRS parametrisiert. In Abbildung 5.3 ist das LUT exemplarisch als Kennfeld visualisiert. Dieses deckt den stationären Betriebszustand des Antriebsstrangs siehe Gleichungen 2.9, 2.10 und 2.11 inklusive Verlustleistung im Triebstrang P_{TrV} bzw. dem Triebstrangwirkungsgrad η_{Tr} ab. Zur simulativen Generierung des Kennfelds werden die Fahrprofilgrößen Fahrzeuggeschwindigkeit v_{Fzg} und Steigungswinkel α_{St} der DVS variiert. Exemplarisch werden die Abstufungen der Betriebspunkte für die Stützstellen der LUT für $\Delta v_{Fzg} = 1$ km/h und $\Delta \alpha_{St} = 1°$ festgelegt. Feinere Abstufungen sind möglich, erhöhen allerdings den Speicherbedarf der LUT und damit die Initialisierungszeit der Simulation. Dies ist gegenüber einer verbesserten Genauigkeit abzuwägen. Die Grenzen $v_{Fzg,max.}$ und $\pm \alpha_{St,max.}$ sind entsprechend der technischen Gegebenheiten des Fahrzeugs anzupassen. Das Rückwärtsfahren wird in der Modellierung nicht gesondert berücksichtigt. Diese Betriebszustände z. B. für das Ein- und Ausparken werden als Vorwärtsfahrten simuliert. Jeder Betriebspunkt wird so lange gehalten, bis sich ein stationärer Leistungsbedarf für den Antrieb P_{Antr} einstellt. Dieser wird in die LUT übertragen. Hieraus ergibt sich ein dreidimensionales Kennfeld für den Leistungsverbrauch im Stationärbetrieb. Zwischen den Stützstellen wird linear interpoliert. Für die Berechnung des instationären Anteils der Antriebsleistung wird die Gleichung 2.15 um den Vektor der Fahrzeuggeschwindigkeit wie folgt erweitert:

$$P_{Antr,inst} = m_{Fzg} \vec{a}_{Fzg} \vec{v}_{Fzg} e \qquad \text{Gl. 5.1}$$

Der Massenträgheitsfaktor e wird aus dem Verhältnis der Antriebsleistung der Realfahrt $P_{Antr,real}$ zur Simulation mit der LUT $P_{Antr,stat}$ für den Stationärbetrieb ermittelt:

$$e = \frac{P_{Antr,real}}{P_{Antr,stat}} \qquad \text{Gl. 5.2}$$

Zu beachten ist die Schwankung des Massenträgheitsfaktors aufgrund von Ungenauigkeiten der Messungen der Realfahrt, Modellierung sowie Parametrierung der DVS und Fehler aufgrund von Interpolationen. Aus diesem Grund ist die Schwankung des Massenträgheitsfaktors über den Zyklus der Realfahrten zu analysieren und mit den Anhaltswerten und Abschätzungen aus [43, 46] zu vergleichen. Gegebenenfalls sind die Auflösung und Genauigkeit der Datenerhebung sowie die Anzahl der Stützstellen der LUT zu erhöhen. Der Antriebsleistungsbedarf berechnet sich aus der Addition der Stationär- und Instationäranteile:

$$P_{Antr} = P_{Antr,stat} + P_{Antr,inst} \qquad \text{Gl. 5.3}$$

Der Leistungsbedarf für die NV P_{NV} setzt sich aus dem Grundverbrauch z. B. für die Steuergeräte und den temporären NV wie z. B. der Klimatisierung wie folgt zusammen:

$$P_{NV} = P_{NV,Grund} + P_{NV,temp} \qquad \text{Gl. 5.4}$$

Der Leistungsbedarf für die Klimatisierung ist mittels einer parametrierbaren Polynomfunktion 2. Grades, die im Folgenden als Klimatisierungsleistungs-Kennlinie dieser Nebenverbraucher bezeichnet wird, modelliert. Für die Leistungsanforderung an die Batterie müssen die Verlustleistungen bzw. Wirkungsgrade für die elektrische Wandlung der Spannungs- und Stromlagen der In- und Konverter berücksichtigt werden. Die Leistungsanforderung P_{Anf} ergibt sich aus der Addition der Antriebs- und der Nebenverbraucherleistung inkl. der Wirkungsgrade der Stromwandlung η_{SW}:

$$P_{Anf} = P_{Antr} \frac{1}{\eta_{SW,Antr}} + P_{NV} \frac{1}{\eta_{SW,NV}} \qquad \text{Gl. 5.5}$$

Die Abbildung 5.4 zeigt schematisch die Umsetzung des Leistungsanforderungsmodells. Die Eingangsgrößen Zeitstempel $t_{Sim}(t-1,t)$ sowie die längsdynamischen Fahrgrößen werden von der Verkehrssimulation bereitgestellt.

Für die Ermittlung der Leistungsanforderung der Nebenverbraucher sind die Information zur Nutzung dieser sowie die Klimadaten notwendig. Die diskret berechnete Leistungsanforderung und der Zeitstempel t_{Sim} der Simulation werden an der Schnittstelle zur Batterie übertragen.

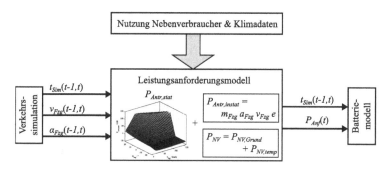

Abbildung 5.4: Schematische Darstellung des Leistungsanforderungsmodells

5.4.2 Batteriemodell

Die Anforderungen an das Batteriemodell sind den Energieverbrauch E_{Ver} bis einschließlich der Batterie zu ermitteln, den SOC zu bilanzieren sowie den Ladeverlauf realistisch nachzubilden. Dazu stehen der Zeitstempel der Simulation und die Leistungsanforderung aus dem Leistungsanforderungsmodell zur Verfügung. Darüber hinaus fließen die Batteriezustandsgrößen wie Alterungszustand SOH, Batterietemperatur T_{BAT} und Ladezustand zum Simulationsbeginn SOC_0 ein. Die Abbildung 5.5 zeigt schematisch die Funktionsweise des Batteriemodells mit den Ein- und Ausgangsgrößen. Die Ergebnisse des Batteriemodells mit SOC-Bilanzierung werden an das Optimierungs-Framework weitergeleitet.

Als Verfahren für die SOC-Bilanzierung wird die Ladungsintegration eingesetzt und durch die Gleichung 5.6 mathematisch beschrieben. Die Vorzeichenkonvention des Batteriestroms I_{BAT} ist so definiert, dass der Stromfluss heraus ein positives und hinein ein negatives Vorzeichen (vgl. Abbildung 2.3 und 2.4) aufweist. Wie in dem Kapitel 2.4.4 erläutert ist der elektrochemische Lade- und Entladevorgang der Batterie verlustbehaftet. Die Energie, die beim Laden aufgewendet werden muss, kann beim Entladen nicht mehr entnommen werden. Aus diesem Grund ist für die SOC-Bilanzierung eine Fallunterscheidung durchzuführen. Im Fall des Entladevorgangs $I_{BAT} \geq 0$ z. B. für die Traktion des Fahrzeugs wird der Batteriewirkungsgrad η_{BAT} nicht berücksichtigt, da dieser schon in der Angabe der Nennkapazität C_n enthalten ist. Hingegen muss im Fall des Ladens $I_{BAT} < 0$ der Batteriewirkungsgrad η_{BAT} z. B. beim

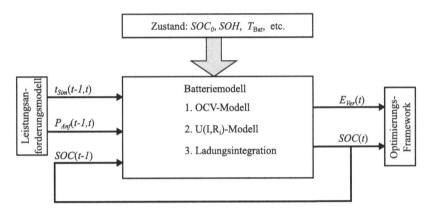

Abbildung 5.5: Schematische Darstellung des Batteriemodells

Rekuperieren oder Laden an einem Ladepunkt für die SOC-Bilanzierung und Energieverbrauchsermittlung berücksichtigt werden.

$$SOC_{Kum} = \begin{cases} SOC_0 - \frac{\Delta t}{C_n} \sum_{k=1}^{N} I_{BAT,k} & \text{für } I_{BAT} \geq 0 \\ SOC_0 - \frac{\Delta t}{C_n \eta_{BAT}} \sum_{k=1}^{N} I_{BAT,k} & \text{für } I_{BAT} < 0 \end{cases} \qquad \text{Gl. 5.6}$$

Aufgrund von Bauteilschutzgründen, z. B. bei einer Überladung und der damit verbundenen gefährlichen Gas- und Wärmeentwicklung innerhalb der Batteriezelle, wird die Ladeleistung bei Batterien auf Basis von Lithium-Verbindungen gegen Ende des Ladevorgangs reduziert. Hierdurch kann die Ladeschlussspannung beim Ladevorgang exakter erreicht und ein Überladen verhindert werden. Die Reduzierung der Ladeleistung ab einem definierten Ladezustand wird im Batteriemodell durch eine Polynomfunktion beschrieben und eine realistische Modellierung des Ladeverlaufs ermöglicht. Die Abbildung 5.6 stellt das Batteriemodell mit SOC-Bilanzierung detailliert da. Das Modell besteht aus den Blöcken OCV-, U(I,Ri)-Modell und Ladungsintegration.

Im ersten Block wird auf Basis des aktuellen Ladezustands die entsprechende Leerlaufspannung der Batterie U_{OCV} im unbelasteten Zustand ermittelt. Für den ersten Simulationsschritt wird der SOC_0 zu Simulationsbeginn und für alle weiteren Ladezustände $SOC(t-1)$ des vorherigen Schritts herangezogen. Mittels der Leistungsanforderung P_{Anf} wird der resultierende Strom $I(U_{OCV})$ auf Basis der Leerlaufspannung der Batterie U_{OCV} berechnet. Die-

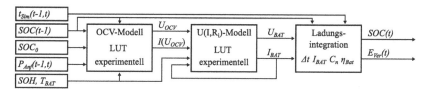

Abbildung 5.6: Detaillierte Darstellung des Batteriemodells inkl. Untermodelle

ser Strom entspricht nicht dem tatsächlichen I_{BAT}, da der Spannungsabfall am Innenwiderstand der Batterie noch nicht berücksichtigt worden ist. Mit dem $U(I,R_i)$-Modell wird der Spannungsabfall am Innenwiderstand U_i, der durch die Belastung P_{Anf} verursacht wird, berechnet. Nach Gleichung 5.7 muss zur Berechnung von U_i jedoch der Batteriestrom I_{BAT} bekannt sein:

$$U_i = R_i I_{BAT} \qquad \text{Gl. 5.7}$$

Der Batteriestrom I_{BAT}, der zwischen den Batterieklemmen fließt, ist von der Batteriespannung U_{BAT} und damit vom Spannungsabfall am Innenwiderstand U_i abhängig. Mit der physikalischen Bedingung, dass die Leerlaufspannung größer als der Spannungsabfall am Innenwiderstand sein muss, wird der Batteriestrom wie folgt berechnet:

$$I_{BAT} = \frac{P_{Anf}}{(U_{OCV} - U_i)} \qquad \text{mit } U_{OCV} > U_i \qquad \text{Gl. 5.8}$$

Aufgrund der Verkettung der beiden Gleichungen 5.7 und 5.8 wird der Spannungsabfall am Innenwiderstand bei der initialen Berechnung des Batteriestroms nicht berücksichtigt $U_i = 0\,\text{V}$. Der Spannungsabfall am Innenwiderstand wird anschließend iterativ und näherungsweise durch folgende Gleichung und der Gleichungen 5.7 und 5.8 berechnet:

$$U_i = U_{i,1} + \sum_{k=2}^{N} \left(1 - \frac{U_{i,k-1}}{U_{i,k}}\right) \qquad \text{Gl. 5.9}$$

Diese Näherung ist rein mathematisch, die Dynamik der Batterie kann in diesem Modellierungsansatz nicht berücksichtigt werden. Hierzu wären ein detaillierteres Batteriemodell bestehend aus mehreren RC-Gliedern sowie das

Strom- und Spannungsverhalten der In- und Konverter notwendig. Im Gegensatz zum DVS steht beim KRS-Ansatz nur das Produkt P_{Anf} zur Verfügung. Aufgrund der Anforderungen von zeitdiskreten und kurzen Simulationszeiten wird der dynamische Ansatz nicht eingesetzt. Die theoretische Anzahl an Iterationsschritten bis zum konvergenten Grenzwert von U_i ist von den Parametern Leerlaufspannung, Batteriestrom und Innenwiderstand abhängig. Die Anzahl der Schritte bis zur Grenzwertbildung ist zum Batteriestrom und Innenwiderstand proportional und zur Leerlaufspannung umgekehrt proportional. D. h. für hohe Batterieströme bei niedriger Leerlaufspannung ist das Verhältnis zwischen Leerlaufspannung und Spannungsabfall am Innenwiderstand verhältnismäßig groß, wodurch mehr Iterationsschritte zur Grenzwertbildung notwendig sind als im umgekehrten Fall. Die Abbildung 5.7 zeigt dies exemplarisch für die Innenwiderstände von 5, 10 und 100 mΩ an dem realistischen Szenario mit einer Leistungsanforderung von 100 kW bei einer Batteriespannung von 400 V.

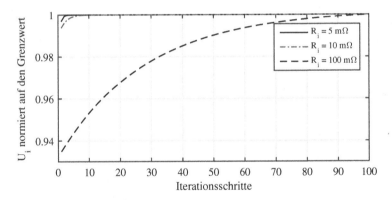

Abbildung 5.7: Iterative Bestimmung des Grenzwerts des Spannungsabfalls am Innenwiderstand für eine Leistungsanforderung von 100 kW bei einer Batteriespannung von 400 V

In diesem Szenario sind für kleine Innenwiderstände $R_i < 10$ mΩ weniger als zehn Iterationsschritte bis zur Grenzwertbildung notwendig. Der Fehler der Berechnung von U_i ohne Iteration für $R_i = 5$ mΩ liegt bei 0,31 % und für $R_i = 10$ mΩ bei 0,63 %. Für größere Innenwiderstände stellt sich ein Grenzwert erst nach mehr als zehn Schritten ein. Z. B. sind für $R_i = 100$ mΩ bis zu hundert Iterationsschritte für die Grenzwertbildung notwendig, der Berechnungsfehler ohne Iteration liegt bei ca. 6,5 %. Huynh ermittelte die Innenwiderstände der Antriebsbatterie für zahlreiche BEV, die in Abhängigkeit der Batterietemperatur und Alterung im unteren einstelligen mΩ-Bereich je Zelle liegen [90]. Je nach Verschaltung der Zellen liegt der Innenwiderstand der Batterie im unteren dreistelligen mΩ-Bereich. Wie erläutert wird für geringere Leistungsanforderungen der Grenzwert in weniger Iterationsschritten erreicht. Auf Basis dieser Erkenntnisse werden zur Bestimmung von U_i und damit I_{BAT} im Folgenden 20 Iterationsschritte durchgeführt. Bei der Parametrisierung der Fahrzeugsimulation ist diese Anzahl ggf. der Genauigkeit zur Simulationszeit gegenüberzustellen und anzupassen. Darüber hinaus wird im Batteriemodell durch die Bedingung $U_{BAT,max} \geq U_{BAT} \geq U_{BAT,min}$ dem Bauteilschutz Rechnung getragen und in der Gesamtsimulation berücksichtigt. Im letzten Block wird eine Ladungsintegration nach Gleichung 5.6 für die SOC-Bilanzierung durchgeführt. Des Weiteren wird der Energieverbrauch nach der Batterie berechnet. Beide Größen werden an das Optimierungsmodell weitergeleitet.

5.5 Parametrisierung Fahrzeugmodell

Im Folgenden werden die Fahrzeuguntermodelle Leistungsbedarfs- und Batteriemodell parametrisiert. Die Abbildung 5.8 zeigt die im Projekt GuEST eingesetzte B-Klasse ED der Baureihe W242 von Mercedes Benz. Das Fahrzeug ist ein BEV und gehört zur Kompaktwagenklasse. In der Tabelle 5.2 sind die für die Parametrisierung relevanten technischen Fahrzeugdaten aufgelistet. Neben der Fahrzeuggrundausstattung ist das Navigationssystem Comand APS als Sonderausstattung installiert. Für den Taxibetrieb ist das Fahrzeug mit dem geeichten Spiegeltaxameter SPT-01 mit Taxi-Dachkennzeichen von der HALE electronic GmbH zur Anzeige des Taxizustands (Frei/ Besetzt) und Erfassung der Beförderungsentgelte ausgerüstet. Zur Disponierung der Taxis durch die „Taxi-Auto-Zentrale Stuttgart" (TAZ) ist das Flottenmanagementsystem DB-GX700 mit FMS-HUB MSC von der Firma fms Datenfunk GmbH in den Taxis eingebaut. Zusätzlich ist ein Taxi-Notalarmsystem der INTAX Innovative Fahrzeuglösungen GmbH installiert und mit DBGX700 verbunden.

Abbildung 5.8: Mercedes Benz B-Klasse ED als E-Taxi

Tabelle 5.2: Technische Daten der Mercedes Benz B-Klasse ED [92, 93]

Bezeichnung	Wert	Einheit
Max. Leistung	130	kW
Max. Drehmoment	340	Nm
Höchstgeschwindigkeit	160	km/h
Energiespeichergröße	28	kWh
Energieverbrauch (NEFZ)	16,6	kWh/100 km
Reichweite (NEFZ)	200	km
Kürzeste Ladedauer	3	h
Fahrzeuglänge	4.358	mm
Fahrzeugbreite	1.812	mm
Fahrzeughöhe	1.599	mm
Radstand	2.699	mm
Leergewicht	1.725	kg
Zul. Gesamtgewicht	2.170	kg

5.5.1 Fahrzyklus - FKFS Rundkurs

Für die Datenerhebung wird als Fahrzyklus der FKFS-Rundkurs gewählt. Der Rundkurs ist ca. 59 km lang. Der Start- und Zielpunkt liegt am FKFS. Dieser deckt nach den Richtlinien für integrierte Netzgestaltung die definierten Stra-

ßentypen, Autobahnen, Landstraßen und Stadtstraßen, ab [88]. Die Tabelle 5.3
listet die Streckenanteile entsprechend auf. Nach Rumbolz zeigt der Rundkurs
mit den Durchschnittswerten der gefahrenen Streckenanteile für den deutschen
Pkw-Verkehr eine gute Übereinstimmung [94].

Tabelle 5.3: Absolute und relative Streckenanteile des FKFS Rundkurses [94]

Streckenart	Steckenlänge / km	Rel. Streckenanteil / %
Stadtstraßen	16,61	28
Landstraßen	10,68	18
Bundesstraßen	16,61	28
Bundesautobahnen	15,42	26
Gesamt	59,32	100

Darüber hinaus wird die Topologie in der Region Stuttgart durch das Höhenprofil, wie in Abbildung 5.9 dargestellt, gut abgebildet. Die Höhendifferenz Δh
auf dem Rundkurs vom niedrigsten zum höchsten Punkt über NN ist 266 Meter.
Zum Vergleich beträgt der Höhenunterschied zwischen dem Flughafen (403 m
NN) und dem Hauptbahnhof (250 m NN) 153 Meter [95]. Die kumulierte Höhendifferenz liegt im Positiven wie Negativen bei 772 Meter. Die maximale
Steigung beträgt 8,5 und die minimale -7,7 Grad. Im Vergleich zu syntheti-
schen Zyklen wie dem NEFZ ermöglicht der FKFS-Rundkurs bei „normaler"
Fahrweise den Antriebsstrang in einem breiten Betriebsspektrum zu belasten.
Darüber hinaus deckt der FKFS-Rundkurs Leistungsbedarfe für die Lenkkraft-
unterstützung ab. Es stehen eine Vielzahl von Datensätzen von am FKFS ausführlich durchgeführten Probandenstudien zur Verfügung. Zur folgenden Parametrisierung der Fahrzeugmodelle und Validierung der Methodik werden diese
Datensätze ebenfalls eingesetzt.

5.5.2 Datengrundlage

Die Parametrisierung der DVS wird wie zuvor im Unterkapitel 5.4.1 beschrieben auf Basis real erfasster Messdaten durchgeführt. Zur Erfassung dieser
Daten wird das in [89] ausgelegte Messsystem zur Erhebung fahrdynamischer und energetisch relevanter Verbraucherdaten im realen Fahrversuch
eingesetzt. In der Tabelle A.1 im Anhang auf Seite 119 sind die erfassten
Fahrzeugmessgrößen sowie die Messart (intern/ extern) aufgelistet. Wie zuvor

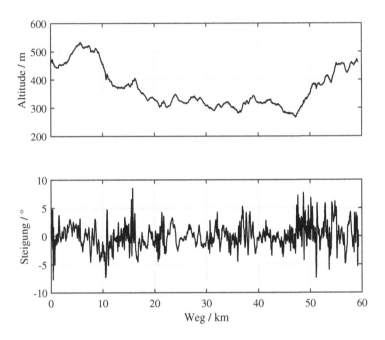

Abbildung 5.9: Höhen- und Steigungsprofil des FKFS-Rundkurses

beschrieben werden die als intern gekennzeichneten Messgrößen von der Fahrzeugelektronik erfasst. Auszugsweise zu nennen sind hierbei die Messgrößen
der Hochvolt-Batterie. Am Tag der Messfahrt mit dem E-Taxi war der Him-
mel bedeckt und die Umgebungstemperatur lag bei ca. 22° Celsius. Während
dieser Messfahrt waren die Klimaanlage und das Lüftungsgebläse dauerhaft
deaktiviert. Die Parametrisierung der Klimatisierungsleistungs-Kennlinie (vgl.
Kapitel 5.4.1) erfolgt auf Basis der ermittelten durchschnittlichen Energieverbräuche des realen E-Taxibetriebs aus dem Projekt GuEST und den Ergebnissen aus der Probandenstudie mit der MB B-Klasse ED aus dem Projekt
Evolution [9, 96]. Der FMS-Hub und das fahrzeugeigene Navigationssystem waren eingeschaltet. Auf dem gesamten Rundkurs gab es zu dieser Zeit
keine längere Verkehrsbeeinträchtigung, wie das exemplarische Geschwindig-
keitsprofil der Abbildung 5.10 zeigt. Auf Basis dieser Datengrundlage werden
das zuvor vorgestellte Fahrzeugmodell und die Ergebnisse der Modellierung
der DVS und KRS im Folgenden dargestellt.

5.5.3 Ergebnis der dynamischen Vorwärtssimulation

Als DVS wird die FKFS-Triebstrangbibliothek eingesetzt [91]. Die Abbildung 5.10 zeigt den Vergleich zwischen einer Realfahrt und der DVS auf dem FKFS-Rundkurs. Die Simulationszeit mit MATLAB/SIMULINK® 2015b und einem Laptop (technische Daten s. Tabelle A.2 im Anhang) beträgt ca. zwölf Minuten. Der Geschwindigkeitsverlauf der Simulation ist nahezu identisch zur Realfahrt. Dies bedeutet, dass das als PI-Regler implementierte Fahrermodell der DVS mit dem parametrisierten Antriebsstrang dem Fahrprofil der Realfahrt folgen kann. Der Energieverbrauch am Ende des Zyklus beträgt für die Realfahrt 10,157 kWh und für die DVS 9,861 kWh. Daraus resultiert eine Abweichung von -2,91 % (-0,296 kWh). Die SOC-Bilanzierung weicht am Ende des Zyklus um 0,2 % von der Realfahrt ($SOC_{Real,End} = 36,4\%$ zu $SOC_{DVS,End} = 36,6\%$) ab. Die bessere Genauigkeit des simulierten Ladezustands gegenüber dem simulierten Energieverbrauch resultiert aus der Modellierung und Parametrisierung der einzelnen Antriebsstrangkomponenten. D. h. für den vorliegenden Fall werden die minimalen Ungenauigkeiten der Energieverbrauchsermittlung von dem Batteriemodell kompensiert. Für den nächsten Schritt, die Parametrisierung der KRS und Generierung der LUT, ist die erzielte Genauigkeit ausreichend. Das Ziel für die folgende KRS ist es, ähnlich gute Genauigkeiten zu erreichen. Da die Parametrisierung des Massenträgheitsfaktors e auf Basis der realen Messdaten erfolgt, sind eventuell bessere Simulationsergebnisse möglich.

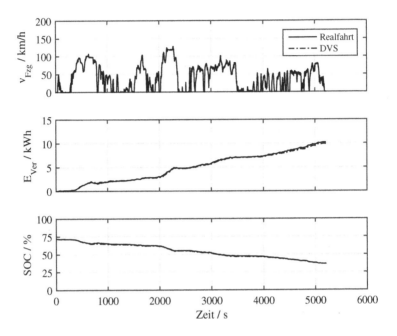

Abbildung 5.10: Vergleich des Energieverbrauchs und SOC einer Realfahrt mit den DVS-Ergebnissen für die MB B-Klasse ED auf dem FKFS-Rundkurs

5.5.4 Ergebnis der kinematischen Rückwärtssimulation

Wie zuvor erläutert, wird mittels der DVS das Leistungskennfeld der KRS generiert und aus den Ergebnissen der Realfahrt der Massenträgheitsfaktor e ermittelt. Das generierte Leistungskennfeld für die B-Klasse ED mit Taxiausrüstung ist im Anhang in der Abbildung A.1 dargestellt. Der mit Gleichung 5.1 ermittelte Massenträgheitsfaktor des Triebstrangs ist $e = 1,2$. Dieses Ergebnis liegt im Bereich der in der Literatur angegebenen Werte (vgl. Kapitel 2.3.2) für den Massenträgheitsfaktor. Das Diagramm in Abbildung 5.11 vergleicht die Ergebnisse einer Realfahrt und der KRS für das Fahrprofil auf dem FKFS-Rundkurs. Der Verlauf der beiden Geschwindigkeitsprofile ist identisch, da kein Fahrermodell eingesetzt wird. Auch die qualitativen Verläufe des

Energieverbrauchs und der SOC-Bilanzierung sind weitestgehend identisch. Am Ende des Rundkurses wurde für die Realfahrt ein Energieverbrauch von 10,157 kWh und für die KRS 10,075 kWh ermittelt. Die Abweichung beträgt -0,81 % (-0,082 kWh). Die SOC-Bilanzierung weicht am Ende des Zyklus um 0,5 % von der Realfahrt ($SOC_{Real,End}$ = 36,4 % zu $SOC_{KRS,End}$ = 36,9 %) ab. Im Vergleich zur DVS ist die Abweichung des Energieverbrauchs am Ende des Zyklus um 2,1 % geringer und damit genauer. Grund hierfür ist der Massenträgheitsfaktor e und die getrennte Parametrisierung des Stationär- und Instationärbetriebs. Durch diesen werden die Ungenauigkeiten bei der Generierung der LUT mit der DVS kompensiert. Die Energieverbrauchsermittlung und SOC-Bilanzierung sind für den folgenden Einsatz der Optimierungen ausreichend genau. Ein weiterer Vorteil der KRS gegenüber der DVS ist die deutlich kürzere Simulationszeit von ca. 15 Sekunden gegenüber zwölf Minuten (Faktor ≈ 50).

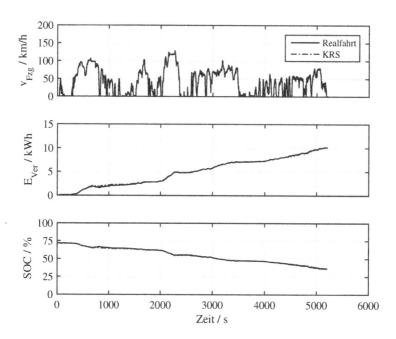

Abbildung 5.11: Vergleich des Energieverbrauchs und SOC einer Realfahrt mit den KRS-Ergebnissen für die MB B-Klasse ED auf dem FKFS-Rundkurs

5.5.5 Übertragbarkeit des Modellierungsansatzes

Zur Untersuchung und zum Nachweis der Übertragbarkeit des Modellierungsansatzes des Fahrzeugmodells und dessen Untermodelle wird dieser an einem
anderen Fahrzeug, dem Tesla Roadster, angewandt. Im Unterschied zur B-
Klasse ED ist der Tesla Roadster als Sportwagen einzustufen und gehört damit
nicht der Kompaktwagenklasse an. Die technischen Daten fasst die Tabelle 5.4
zusammen. Zur Modellierung werden die selben Schritte von der Datenerhebung und -auswertung, Parametrisierung der DVS, LUT und KRS durchgeführt wie zuvor bei der B-Klasse ED. Die Messfahrten, mit denen die Modelle
parametrisiert und validiert werden, fanden im Rahmen von Probandenstudien
am FKFS statt. Auf die Zwischenergebnisse der DVS wird im Folgenden nicht
eingegangen.

Tabelle 5.4: Technische Daten des Tesla Roadster [97, 98]

Bezeichnung	Wert	Einheit
Max. Leistung	225	kW
Max. Drehmoment	370	Nm
Höchstgeschwindigkeit	201	km/h
Energiespeichergröße	56	kWh
Energieverbrauch (NEFZ)	16,5	kWh/100 km
Reichweite (NEFZ)	340	km
Kürzeste Ladedauer	3,5	h
Fahrzeuglänge	3.941	mm
Fahrzeugbreite	1.851	mm
Fahrzeughöhe	1.127	mm
Radstand	2.351	mm
Leergewicht	1.335	kg
Zul. Gesamtgewicht	k.A.	kg

Die Abbildung 5.12 zeigt den Vergleich einer Realfahrt mit der KRS für den
Tesla Roadster. Die Messfahrt fand bei einer normalen Verkehrslage ohne Stau-
situationen statt. Die Umgebungstemperatur lag an diesem Tag bei ca. 8° Celsius. Die Fahrt startet mit einem SOC von 67 %. Der Energieverbrauch nach
dem Rundkurs beträgt für die Realfahrt 13,21 kWh und die KRS 13,236 kWh.
Die Abweichung liegt bei 0,2 % (0,026 kWh). Die SOC-Bilanzierung weicht
am Ende des Zyklus um -1,4 % von der Realfahrt ab. Die Genauigkeit der

Simulationsergebnisse sind mit denen der B-Klasse ED vergleichbar. Dement-sprechend ist auch das parametrisierte Fahrzeugmodell des Tesla Roadster für die nachfolgenden Optimierungen geeignet. Darüber hinaus ist die Übertrag-barkeit des Modellierungsansatzes auf Fahrzeuge einer anderen Fahrzeugklas-se nachgewiesen.

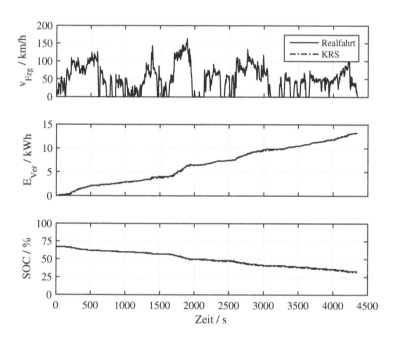

Abbildung 5.12: Vergleich des Energieverbrauchs und SOC einer Realfahrt mit den KRS-Ergebnissen für den Tesla Roadster auf dem FKFS-Rundkurs

6 Anwendung der Methode am Beispiel E-Taxi

Auf Basis der in Kapitel 1 gestellten Forschungsfragen und den identifizierten Betriebsparametern wird in diesem Kapitel ein exemplarisches Nutzungsprofil einer Taxischicht analysiert. Bei diesen Untersuchungen werden die äußeren Betriebsparameter Nutzung, Infrastruktur und Umwelt variiert, die Zusammenhänge und Auswirkungen auf den Taxibetrieb untersucht sowie die Ergebnisse der dominierenden Kenngrößen des Fahrbetriebs Reichweite und Betriebsdauer gegenübergestellt und bewertet. Aufbauend auf diesen Erkenntnissen wird im nächsten Schritt mit der entwickelten Optimierungsmethode die Ladestrategie im Taxibetrieb für verschiedene Szenarien optimiert. Hierzu wird das in Kapitel 5 eingeführte Simulations- und Optimierungs-Framework angewandt.

6.1 Motivation

Die Ergebnisse des öffentlich geförderten Projekts GuEST zeigen, dass ein Taxibetrieb mit einem rein elektrisch angetriebenen Fahrzeug, z. B. der B-Klasse ED von Mercedes Benz, erfolgreich durchgeführt werden kann. Allerdings sind die E-Taxis im direkten Vergleich zu den ICEV-Taxis bezüglich der Reichweite und Ladezeit im Nachteil (Stand 2017). Die Auswertungen von [99] zeigen, eine um Faktor zwei im Durchschnitt geringere Fahrstreckenleistung der Stuttgarter E-Taxis. Verschärft wird die Problematik in energieintensiven Zeiten, wie im Hochsommer und Winter, in denen der durchschnittliche Verbrauch aufgrund der Klimatisierung um bis zu 50 % ansteigt und die Reichweite mit der B-Klasse ED im Taxibetrieb um ca. 50 auf 90 Kilometer sinkt [9]. In diesen Jahreszeiten sind für den Taxibetrieb mit der Anforderung von durchschnittlich 150 Kilometer Tageslaufleistung in Stuttgart mit diesem Fahrzeug eine oder mehrere ZLV erforderlich [99]. Jedoch wurden die für das ZL zur Verfügung stehenden öffentlichen Lademöglichkeiten im Projekt GuEST von den Taxifahrern sehr selten genutzt [9]. Dies lag u. a. an folgenden Gründen: Zu dem damaligen Zeitpunkt war es nicht möglich, die positiven Effekte des ZLV betriebsspezifisch, transparent und valide darzustellen und zu vermitteln. Dadurch waren die Vorteile der besseren Reichweite und der damit verbundenen

© Springer Fachmedien Wiesbaden GmbH, ein Teil von Springer Nature 2019
R. Pfeil, *Methodischer Ansatz zur Optimierung von Energieladestrategien für elektrisch angetriebene Fahrzeuge*, Wissenschaftliche Reihe Fahrzeugtechnik Universität Stuttgart, https://doi.org/10.1007/978-3-658-25863-4_6

Möglichkeit mehr Fahraufträge und Aufträge zu entfernteren Ziele annehmen zu können, für die Taxiunternehmer nicht ersichtlich. Zudem fehlten die Mittel, die negativen Auswirkungen des ZLV auf den Betrieb aufgrund des eventuell zusätzlichen Zeitbedarfs zu ermitteln und den Vorteilen gegenüberzustellen. Des Weiteren konnte die Frage nach einer betriebsspezifisch optimierten ZL-Strategie nicht beantwortet werden. Im Rahmen des Projekts wurden auch Gespräche mit dem Gemeinderat und städtischen Infrastrukturplaner u. a. zur Verbesserung der Ladeinfrastruktur geführt. Aus [9] geht hervor, dass eine taxispezifische Ladeinfrastruktur die Betriebsbedingungen für E-Taxis verbessert. In welchem Maße verschiedene Infrastruktur-Szenarien den E-Taxibetrieb hinsichtlich der Reichweite und des zusätzlichen Zeitbedarfs für den ZLV verbessern, bleibt in diesem Forschungsbericht allerdings unbeantwortet.

Durch die folgenden Untersuchungen und Optimierungen werden die taxispezifischen Fragestellungen beantwortet. Die zu untersuchenden Infrastruktur-Szenarien sind in der Annahme definiert, dass sich die Betriebsbedingungen für die E-Taxi verbessern. Eine künstliche Verschlechterung der Infrastruktur Situation wird nicht vorgenommen. Aufgrund des Aspekts der Wirtschaftlichkeit des gewerblichen Einsatzes ist die Gesamtbetriebszeit höher zu gewichten als der SOC und die damit verbundene Restreichweite.

6.2 Nutzungsprofil

Als Datenbasis zur Ermittlung des Nutzungsprofils und zur Validierung werden die Ergebnisse aus [81] und die real erfassten Daten und Erkenntnisse aus dem Projekt GuEST herangezogen [9, 10]. Dieser Datensatz, aus dem Feldeinsatz mit vier B-Klassen electric drive (ED) in dem Zeitraum vom September 2014 bis Dezember 2015, umfasst eine gefahrene Gesamtstrecke von 138000 km, davon 65660 km besetzt mit Kunden verteilt auf 14391 Kundenfahrten. Zur Datenaufzeichnung wurde das Flottenmanagementsystem (FMS) von Austrosoft und die FleaBox von CarMedialab eingesetzt. Mit dem FMS erfolgt die Disponierung der Taxis und die Erfassung der Fahrzeugpositionen sowie der Taxizustand wie „Frei", „Besetzt mit Kunden", „Am Taxiplatz". Diese Daten werden mit einer Zykluszeit von 30 Sekunden erfasst und gespeichert. Eine direkte Ableitung des Geschwindigkeits- und Höhenprofils ist aufgrund der geringen Datendichte nicht möglich. Die FleaBox erfasst Antriebsstrang-größen wie Energiebedarf, SOC etc. und stellt diese, wie in [100] definiert, als Minimaldatensatz aggregiert zur Verfügung. Auf Basis dieser Daten wird das für die folgende Betriebsparameterstudie und Optimierung der Ladestra-tegie verwendete Nutzungs- und Fahrprofil generiert. Hierzu wird gezielt die Taxischicht einer der als E-Taxi eingesetzten B-Klassen ED vom 04.09.2014 verwendet. Diese Taxischicht weist geringe Abweichungen bezüglich der zu-rückgelegten Strecke, Beauftragungen und Bereitstellungen am Taxiplatz zum Durchschnitt der im Projekt GuEST erfassten und ausgewerteten Taxischich-ten auf und ist damit eine repräsentative Fahrt für das E-Taxi-Kollektiv in Stutt-gart. Mittels der Verkehrssimulation SUMO und dem hinterlegten Straßennetz wird aus den real aufgezeichneten Taxipositionen das Bewegungsprofil detail-liert rekonstruiert, welches in Abbildung 6.1 dargestellt ist.

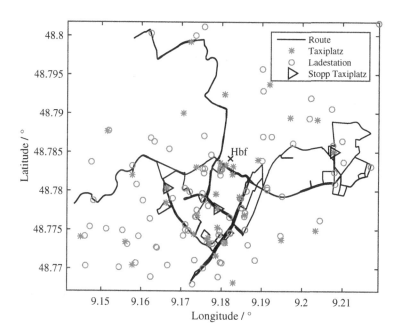

Abbildung 6.1: Bewegungsprofil des E-Taxis in der Stuttgarter Innenstadt ohne ZL-Strategie

Auf Basis des Bewegungsprofils und der Daten zum Fahrzeugzustand wie z. B.
örtliche Positionen und Wartezeiten an den Taxiplätzen wird das Nutzungs-
und Fahrprofil, bestehend aus Taxistatus, Geschwindigkeits- und Höhenprofil
generiert. Die Abbildung 6.2 stellt das Nutzungs- und Fahrprofil sowie den
simulierten SOC-Verlauf über die Zeit dar.

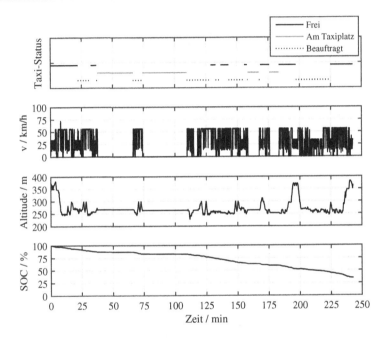

Abbildung 6.2: Exemplarisches Nutzungsprofil mit dem Taxistatus,
Geschwindigkeits-, Höhenprofil und simulierten SOC-Verlauf des
E-Taxis in der Stuttgarter Innenstadt

In der Verkehrssimulation SUMO wird aufgrund der begrenzt verfügbaren
Daten hierzu kein Fremdverkehr berücksichtigt, wodurch die Geschwindig-
keit des Taxis sich an der zulässigen Höchstgeschwindigkeit des entspre-
chenden Straßenabschnitts orientiert. Aus diesem Grund ist die simulierte
Durchschnittsgeschwindigkeit von 23,5 km/h um ca. ein Drittel höher als die
Durchschnittsgeschwindigkeit der Datenaufzeichnung mit Verkehr. Bis zur
Geschwindigkeit von ca. 50 km/h ist die aerodynamische Luftwiderstands-
kraft bei einem Serienfahrzeug halb so groß wie die Rollwiderstandskraft [43].
Die Differenzen der Fahrzeuggeschwindigkeiten zwischen der Simulation und

Realität können unter 50 km/h vernachlässigt werden, wodurch die Ergebnisse der Simulation mit der Realität vergleichbar sind. Bei der Bewertung der Betriebszeiten und Anwendung der Ergebnisse ist die höhere Durchschnittsgeschwindigkeit und damit kürzere Fahrzeit zu berücksichtigen.

In der vorliegenden Taxischicht wurde das Taxi acht Mal mit Kundenfahrten beauftragt und stellte sich zwei Mal für ca. 30 und zwei Mal für ca. zehn Minuten an insgesamt drei verschiedenen Taxiplatzstandorten bereit. Die Umgebungstemperatur in der Stuttgarter Innenstadt lag zu dieser Zeit bei ca. 20 Grad Celsius. Das E-Taxi ist ca. vier Stunden (Realfahrt ca. sechs Stunden) unterwegs und legt dabei eine Strecke von 95 Kilometern zurück. Der Taxibetrieb startet mit einem SOC von 100 %. Am Ende des Betriebs beträgt der simulierte Energieverbrauch 21,1 kWh, der SOC 34,3 % und die damit prognostizierte Restreichweite liegt bei 42 km. Auf 100 Kilometer gerechnet ergibt dies einen spezifischen Energieverbrauch von 22,2 kWh / 100km. In [9] ist der Durchschnittsverbrauch bei ähnlichen Umgebungstemperaturen von ca. 21 kW pro 100 Kilometer angegeben. Der simulativ ermittelte Energieverbrauch ist mit den real gemessenen vergleichbar und valide. Das vorliegende Nutzungsprofil ist mit dem eingesetzten BEV realisierbar, jedoch ist aufgrund des geringen SOC am Ende der Schicht die Fortführung des Betriebs mit weiteren Kundenfahrten problematisch sowie ein zweiter Schichtbetrieb direkt im Anschluss unrealistisch. In [9] ist eine durchschnittliche Fahrstrecke mit Kunden von ca. fünf Kilometern angegeben. Wird hierzu nochmal die selbe Distanz für die An- und Abfahrt hinzugerechnet, können mit der Restreichweite weitere drei bis vier Fahraufträge durchgeführt werden. Jedoch ist das Erreichen des Betriebshofs nach diesen Fahraufträgen ohne ZLV nicht mehr sichergestellt. Auch der Fahrer der darauffolgenden Schicht müsste das Fahrzeug nach ein bis zwei Kurzstreckenfahrten laden, um ein Liegenbleiben mit Fahrgästen zu verhindern. Aus diesen Gründen werden im folgenden Abschnitt verschiedene Betriebsparameter und ZL-Strategien auf deren Einfluss und Optimierungspotential untersucht.

6.3 Konstante Parameter der Betriebsparameterstudie

Auf Basis der in Kapitel 3 identifizierten relevanten Betriebsparameter erfolgt in den nächsten Unterkapiteln die Definition der konstanten und variablen Parameter für die Analysen und Optimierungen. Konstant gehalten werden die innere Parametergruppe Fahrzeug der 3x3 Parametermatrix mit den Untergruppen Antriebsstrang, Komfortsysteme und spezifische Systeme. Das bedeutet, dass z. B. für die Untergruppe Antriebsstrang die Energiespeichergröße der Batterie, die Leistung der Antriebsmaschine sowie der Wirkungsgrad des Antriebsstrangs nicht verändert werden. Dies gilt ebenso für die Leistungsaufnahme und die Wirkungsgrade der Komfort- und spezifischen Systeme. Ausgenommen hiervon sind die Fahrzeuginnenraum- und Batterieklimatisierung, deren umgebungstemperaturabhängige Leistungsaufnahme variiert und entsprechend berücksichtigt wird. Es wird ein nicht konditionierter Zustand des Fahrzeuginnenraums und der Batterie vor Fahrtbeginn angenommen. Unterschiedliche Grade der Vorkonditionierung werden in dieser Arbeit nicht weiter untersucht. An dieser Stelle wird auf die Untersuchungen und Ergebnisse von Auer verwiesen [101]. Zu den spezifischen Systemen zählt die Taxiausrüstung wie z. B. das Spiegeltaxameter und FMS, deren Leistungsaufnahme als konstant angenommen werden können [31]. Der SOC zu Beginn der Taxischicht ist wie in dem Beispiel der Realfahrt für die folgenden Simulationen auf 100 % festgelegt. Das Fahrverhalten des Taxifahrers wird ebenfalls nicht verändert. Abgebildet wird dieses mittels des in SUMO implementierten Krauss-Modells. In dieser Parameterstudie finden die Untersuchungen im Stuttgarter Innenstadtbereich statt. Das definierte Gebiet und dementsprechend auch das Straßennetz in SUMO (vgl. Abbildung 5.2) umfasst den Bereich östliche Longitude 9,1331° bis 9,2223° und nördliche Latitude 48,7517° bis 48,8049°. Die Randbedingungen und Beschränkungen für die Durchführung des ZLV sind wie folgt definiert:

• Aufsuchen einer Ladestation: Der virtuelle Taxifahrer darf nur eine Lademöglichkeit aufsuchen, wenn das Taxi nicht beauftragt ist, d. h., nicht zu einem Fahrgast unterwegs ist oder einen Fahrgast an Bord hat, und sich nicht am Taxiplatz bereitstellt. Andernfalls merkt sich der virtuelle Taxifahrer die Aufforderung zum Laden und sucht anschließend eine Lademöglichkeit auf.

• Unterbrechung des Taxibetriebs zum ZLV: Das Nutzungsprofil wird an der Stelle unterbrochen, an dieser der virtuelle Taxifahrer die Freigabe zum Aufsuchen einer Lademöglichkeit erhält.

• Fortführung des Taxibetriebs nach dem ZLV: Das Nutzungsprofil wird an der Stelle fortgeführt, an der es unterbrochen wurde.

6.4 Variable Parameter der Betriebsparameterstudie

Für die Betriebsparameterstudie werden in diesem Unterkapitel folgende Variationen innerhalb der Gruppen Nutzung, Umwelt und Infrastruktur definiert und erläutert. Dies erfolgt getrennt nach den einzelnen Gruppen. Die Definitionen sind in den Tabellen 6.1 für die Nutzung, Tabelle 6.3 für die Infrastruktur und Tabelle 6.2 für die Umwelt angegeben.

Nutzung: Für die Untersuchungen der Parametergruppe Nutzung wird die Zeit für den Ladevorgang und SOC-Schwelle, die das Aufsuchen einer Lademöglichkeit zum ZL initiiert, variiert. Für das Herstellen und Trennen der elektrischen Verbindung zwischen LP und Fahrzeug und zum An- und Abmelden an diesem werden zwei Minuten angesetzt. Im Folgenden ist diese Variation als ZL-Strategie Null bis Drei definiert. Wird der Fahrbetrieb mit der ZL-Strategie Null durchgeführt, sind keine Ladevorgänge nach dem Beginn des Fahrbetriebs bzw. Verlassen des Depots vorgesehen. Das bedeutet, das E-Taxi muss das vorgegebene Nutzungsprofil mit der zu diesem Zeitpunkt verfügbaren elektrischen Energie aus der Batterie bewerkstelligen. Wird für die Durchführung des Taxibetriebs die ZL-Strategie Eins gewählt, sucht der virtuelle Taxifahrer ab einem $SOC \leq 75\%$ eine Lademöglichkeit auf und führt einen Ladevorgang von 15 Minuten durch. Berücksichtigt werden die oben definierten Randbedingungen und Beschränkungen für die Durchführung des ZLV. Es wird der Ladepunkt angefahren, der frei ist und zu dem die geringste Fahrdistanz zurück gelegt werden muss. Die Ladezeiten von 15, 30 und 45 Minuten orientieren sich an in Betrieben üblichen Pausenzeiten von einer kurzen und mittellangen oder einer langen Pause. Aufgrund der Reduktion der Ladeleistung gegen Ende des Ladevorgangs sind die SOC-Schwellen von 75, 50 und 25 % umgekehrt proportional zu den Ladezeiten definiert.

Tabelle 6.1: Variation der Ladezeit und SOC-Schwelle innerhalb der Betriebsparametergruppe Nutzung und Definition dieser als ZL-Strategie

ZL-Strategie	Ladezeit / min	SOC-Schwelle / %
Null	-	-
Eins	15	75
Zwei	30	50
Drei	45	25

Umwelt: Innerhalb der Parametergruppe Umwelt wird für die Parameterstudie die Umgebungslufttemperatur in drei Stufen variiert. Diese sind in Tabelle 6.2 definiert. Die Temperaturstufen orientieren sich an den im Stuttgarter Raum durchschnittlichen Temperaturen der Jahreszeiten Winter, Frühjahr bzw. Herbst und Sommer [102]. Die separate Betrachtung der Lichtstrahlungsleistung der Sonne wird nicht vorgenommen. Das Berechnungsmodell der Fahrzeugklimatisierung berücksichtigt dies im Durchschnitt für die entsprechende Umgebungstemperatur. Das bedeutet, es wird eine durchschnittliche Klimatisierungsleistung in Abhängigkeit der Umgebungstemperatur inklusive Strahlungsleistung der Sonne angenommen. Eine tageszeitliche Änderung der Umgebungslufttemperatur wird aus Gründen der Vergleichbarkeit der Simulationsergebnisse nicht vorgenommen.

Tabelle 6.2: Variation der Umgebungstemperatur für die Betriebsparameterstudie

Jahreszeit	Temperatur in ° C
Winter	0
Frühjahr/ Herbst	22
Sommer	30

Infrastruktur: Für die Durchführung der Betriebsparameterstudie zur Infrastruktur wird die Anzahl der öffentlich zugänglichen LP und taxispezifischen LP an den Taxiplätzen (TP) variiert. Der für die Parameterstudie angenommene Ausgangszustand der Infrastruktur basiert auf der Situation in dem Zeitraum September 2014 bis Dezember 2015 während des E-Taxifahrbetriebs im Projekt GuEST. In diesem Zeitraum existierten im Stuttgarter Innenstadtbereich 42 TP ohne LP. Für das Laden standen in diesem Zeitraum 124 öffentlich zugängliche LP Lade-Mode zwei mit einer maximalen Ladeleistung von 22 kVA (AC) des Betreibers EnBW zur Verfügung [103]. Die Standorte der LP sind in der Abbildung 6.1 gekennzeichnet. Im Folgenden wird eine maximale Ladeleistung der LP von 22 kVA (AC) definiert. Untersuchungen der Ladeleistungen größer 22 kVA werden aufgrund der limitierten Ladeleistung von 11 kVA der B-Klasse ED nicht vorgenommen. Die TP Beschaffenheit, wie parallele oder serielle Reihung der Taxis, wird für die folgenden Untersuchungen hinsichtlich des Ladens am TP vernachlässigt. Das praktizierte Aufrücken der Taxis in einer seriellen Reihung und die Problematik des konduktiven Aufladens am TP wird nicht näher untersucht und als lösbar angenommen. Die Fahrzeugkapazität am TP wird berücksichtigt. Wird ein TP mit taxispezifischer Ladeinfrastruktur ausgestattet, erhält dieser in den folgenden Untersuchungen die gleiche Anzahl LP, wie an diesen Bereitstellungsplätzen zur Verfügung stehen. Die Tabelle 6.3 listet die definierten Variationen im Bezug zur Ausgangssituation (Real) der Infrastruktur im Stuttgart Innenstadtbereich auf.

Tabelle 6.3: Variation und Szenarios der Infrastrukturparameter

Szenario	LP	TP ohne LP	TP mit LP
Real	124	42	0
A	248	42	0
B	124	0	42
C	124	36	6

Für das Szenario A sind doppelt so viele LP im definierten Stuttgarter Innenstadtbereich vorhanden als in der Realität verfügbar waren. Die Verteilung erfolgt auf Basis des Zufallsprinzips. In diesem Szenario stehen an den TP keine LP zur Verfügung. Beim Infrastruktur Szenario B verfügen alle 42 TP über LP. Im Gegensatz dazu sind im Szenario C nur sechs TP mit Lademöglichkeiten ausgerüstet. Die Auswahl der TP für die zusätzlichen LP resultiert aus den Ergebnissen des Projekts GuEST [10]. Hierzu wurden neben den statistischen Auswertungen der Bereitstellungszeiten und Frequentierungen auch die Örtlichkeiten und Favorisierungen der Taxifahrer berücksichtigt. Von zehn identifizierten TP befinden sich sechs im Stuttgarter Innenstadtbereich und die restlichen vier in den angrenzenden Stadtteilen. Die Simulationen zur Untersuchung der Parametervariation der Infrastruktur erfolgen bei einer Umgebungstemperatur von null Grad Celsius, welche den anspruchsvollen Winterbetrieb repräsentiert.

6.5 Betriebsparameterstudie

In diesem Unterkapitel werden die Ergebnisse der Betriebsparameterstudie auf Basis der zuvor definierten variablen Betriebsparameter vorgestellt und diskutiert. Zunächst werden die Auswirkungen der definierten ZL-Strategien auf den Taxibetrieb bei unterschiedlichen Umgebungstemperaturen untersucht. Anschließend wird dies für verschiedene Infrastruktur-Szenarien durchgeführt.

6.5.1 Ergebnisse der Umwelt-Parametervariation

In der Tabelle 6.4 sind die Simulationsergebnisse des exemplarischen Nutzungsprofils für die zuvor definierten Umgebungstemperaturvariationen aufgelistet. Die Abbildung 6.3 zeigt für diese Betriebsparametervariation den SOC-Verlauf über die Zeit. Die Betriebszeit beinhaltet die Fahr-, Bereitstellungs-, Pause-, und Ladezeiten ohne Schlussladevorgang der Simulation. Um eine Vergleichbarkeit herzustellen, wird die Ladezeit für den Schlussladevorgang auf den Start-SOC am Ende der Taxischicht in der Gesamtbetriebszeit berücksichtigt. Das obere Diagramm in Abbildung 6.3 zeigt den SOC-Verlauf der Taxischicht bei der Umgebungstemperatur von null Grad Celsius als Beispiel für den Winterbetrieb, das mittlere bei 22° Celsius für den Frühjahrbetrieb und das untere bei 30° Celsius für den Sommerbetrieb. Die Ladezeiten und SOC-Schwellen der ZL-Strategien Null bis Drei sind entsprechend der Tabelle 6.1 definiert.

Winterbetrieb: Für die Simulation des exemplarischen Winterbetriebs bei einer definierten Umgebungstemperatur von 0° Celsius kann die Taxischicht für das zu Grunde liegenden Nutzungsprofil aufgrund der vollständig entladenen Batterie ohne ZLV (Strategie Null) nicht durchgeführt werden. Das Taxi bleibt für dieses Beispiel nach ca. 3,75 Stunden mit einem Fahrgast an Bord liegen. Folglich sind für dieses Nutzungsprofil bei gleichbleibenden Randbedingungen ZLV (Strategien Eins bis Drei) zum Bewerkstelligen der Taxischicht notwendig. Wird die ZL-Strategie Drei angewandt, werden zwei ZLV durchgeführt. Wie die Abbildung 6.3 zeigt, fällt der SOC mit dieser ZL-Strategie nicht unter 22,5 %. Bezogen auf den durchschnittlichen Energieverbrauch ist die Restreichweite zu keinem Zeitpunkt geringer als 17 Kilometer. Die Gesamtbetriebszeit beträgt für diese Strategie acht Stunden. Durch den Einsatz der ZL-Strategie Zwei wird bei einer um ca. 20 Minuten längeren Gesamtbetriebszeit die Restreichweite um 16 auf 33 Kilometern erhöht. Bei einer durchschnittlichen Fahrstrecke pro Kundenauftrag von ca. zehn Kilometern inkl. An- und Abfahrt ist der Fahrer des E-Taxis in der Lage, drei zusätzliche Fahrten bis zum Liegenbleiben durchzuführen. Wie der SOC-Verlauf zeigt, erfolgt der fünfte und letzte ZLV aufgrund der definierten Strategie kurz vor dem Ende des Fahrbetriebs. Jedoch erhöht dieser ZLV den minimalen SOC und die Reichweite im Kontext zur gesamten Taxischicht nicht, da kurz darauf der Schlussladevorgang im Depot durchgeführt wird. Ohne diesen ZLV würde die Gesamtbetriebszeit der ZL-Strategie Zwei lediglich um sechs Mi-

Tabelle 6.4: Simulationsergebnisse der Parametergruppe Umwelt. Für die mit * gekennzeichneten Werte wurde die simulierte Taxifahrt aufgrund einer entladenen Batterie abgebrochen. Die ZL-Strategien sind entsprechend der Tabelle 6.1 definiert.

ZL-Strategie für $T_{Umg} = 0°$ C	Null	Eins	Zwei	Drei
Zwischenladevorgänge	0	17	5	2
Gesamtstrecke in km	83,9*	113,7	98,2	97,8
∅-Strecke zu LP in km	0	1,1	0,6	1,4
Energieverbrauch in kWh/100km	36,5*	38,4	37	36,2
Min.-SOC in %	0	52,9	44,5	22,5
Min.-Restreichweite in km	0	38,5	33,6	17,4
Betriebszeit in h	3,7*	8,8	6,6	5,6
Gesamtbetriebszeit in h	7,2*	10	8,3	8

ZL-Strategie für $T_{Umg} = 22°$ C	Null	Eins	Zwei	Drei
Zwischenladevorgänge	0	8	2	0
Gesamtstrecke in km	95	105,1	96,1	95
∅-Strecke zu LP in km	0	1,3	0,6	0
Energieverbrauch in kWh/100km	22,2	22,3	22,3	22,2
Min.-SOC in %	34,3	71,2	43,9	34,3
Min.-Restreichweite in km	43	89,2	55,3	43,2
Betriebszeit in h	4	6,4	5,1	4
Gesamtbetriebszeit in h	6,5	7,4	6,7	6,5

ZL-Strategie für $T_{Umg} = 30°$ C	Null	Eins	Zwei	Drei
Zwischenladevorgänge	0	8	2	0
Gesamtstrecke in km	95	101,6	97,6	95
∅-Strecke zu LP in km	0	0,8	1,4	0
Energieverbrauch in kWh/100km	24,2	24,8	24,3	24,2
Min.-SOC in %	28	67,8	48,1	28
Min.-Restreichweite in km	32,3	76,5	55,5	32,3
Betriebszeit in h	4	6,3	5,1	4
Gesamtbetriebszeit in h	6,7	7,5	6,9	6,7

nuten gegenüber der ZL-Strategie Drei, bei gleichbleibendem minimalen SOC und Restreichweite, verlängert. Für die ZL-Strategie Eins steigt die Gesamtzeit auf zehn Stunden stark an. Bezüglich des SOC und der Restreichweite bewirkt diese ZL-Strategie eine Verbesserung des SOC um ca. 30 auf 52,9 %.

Hierdurch erhöht sich die Restreichweite von 21 auf 38 Kilometer gegenüber der Strategie Drei. Die simulierten Energieverbräuche sind mit den ermittelten Durchschnittswerten von 32 und Extremwerten von über 45 kWh/ 100 Kilometer der im realen Taxibetrieb aus dem Projekt GuEST für diese Jahreszeit und den Umgebungstemperaturbereich vergleichbar [9].

Frühjahrsbetrieb: Im Gegensatz zum Winterbetrieb sind zur vollständigen Durchführung des exemplarischen Frühjahrsbetriebs keine ZLV zwingend erforderlich. D. h., dass der SOC ohne ZLV nicht unter 34 % fällt, was eine Restreichweite von 43 Kilometer gewährleistet. Der Zeitbedarf für den Fahrbetrieb beträgt vier Stunden, inklusive Schlussladevorgang werden 6,5 Stunden benötigt. Wird die ZL-Strategie Drei für die Durchführung des exemplarischen Taxibetriebs angewandt, findet kein ZLV statt. Wie im mittleren Diagramm der Abbildung 6.4 dargestellt, fällt der SOC im Betrieb nicht unter die definierte SOC-Schwelle von 25 %, die als Bedingung zum Aufsuchen einer Lademöglichkeit gesetzt ist. Wird die Taxischicht mit der ZL-Strategie Zwei durchgeführt, werden zwei LP zum ZL aufgesucht. Hierdurch fällt der SOC nicht unter 43 % und die minimale Reichweite ist mit 55 um 12 Kilometer länger als ohne ZLV. Die Gesamtbetriebszeit erhöht sich lediglich um zwölf Minuten auf 6,7 Stunden. Wie beim Winterbetrieb findet auch im Frühjahrsbetrieb bei dieser ZL-Strategie ein ZLV kurz vor dem Ende des Taxibetriebs statt, der keine Verbesserung hinsichtlich des SOC und der Restreichweite bewirkt. Ohne diesen wäre die Gesamtbetriebszeit nur um ca. sechs Minuten länger als beim Taxibetrieb ohne ZLV. Die Anwendung der ZL-Strategie Eins bewirkt, dass insgesamt acht Mal LP aufgesucht werden. Gegenüber der ZL-Strategie Drei wird die minimale Reichweite um 46 auf 89 Kilometer verbessert. Jedoch steigt die Gesamtbetriebszeit um ca. eine Stunde auf 7,4 Stunden an. Die Betriebszeit ohne Schlussladevorgang ist um 2,4 Stunden länger, was einem Plus von über 50 % gegenüber dem Betrieb ohne ZLV entspricht.

Sommerbetrieb: Auch im Sommerbetrieb ist das Nutzungsprofil des Taxibetriebs ohne ZLV zu bewerkstelligen. Der SOC fällt nicht unter 25 %, weshalb für die Ladestrategie Drei kein ZLV durchgeführt wird. Vor dem Schlussladevorgang beträgt die Restreichweite 32 Kilometer, was für ca. drei weitere durchschnittliche Kundenfahrten ausreicht, ehe ein LP aufgesucht werden muss. Der minimale SOC von 48 % für die ZL-Strategie Zwei liegt nahe an der definierten SOC-Schwelle. Die minimale Reichweite beträgt entsprechend des Energieverbrauchs 55 km. Für die ZL-Strategie Eins liegt der minimale SOC ca. sieben Prozent unterhalb der definierten SOC-Schwelle, was auf eine Beauftragung des Taxis während der Unterschreitung der SOC-Schwelle schließen lässt. Mit dieser ZL-Strategie ist die Restreichweite des Taxis zu jedem Zeitpunkt des Betriebs größer als 76 km. Die Anzahl der ZLV und die Betriebszeiten sind verglichen mit denen des Frühjahrbetriebs unabhängig von der ZL-Strategie nahezu identisch. Aufgrund der Fahrzeugklimatisierung und dem damit verbundenen höheren Energieverbrauch sind der Schlussladevorgang und die Gesamtbetriebszeit mit den ZL-Strategien Null, Zwei und Drei im Gegensatz zum Frühjahrsbetrieb um ca. zwölf Minuten länger. Der Vergleich der Gesamtbetriebszeit dieser beiden Jahreszeiten für die ZL-Strategie Eins ergibt einen geringeren zusätzlichen Zeitbedarf von ca. sechs Minuten als der Vergleich der anderen Strategien im selben Zeitraum. Der Grund hierfür ist, dass unterschiedliche LP angesteuert werden, wodurch die durchschnittliche Strecke zu den LP beim Sommerbetrieb um gut ein Drittel kürzer ist als beim Frühjahrsbetrieb. Dies verkürzt die Gesamtstrecke um 3,5 Kilometer, was die Fahrzeit für An- und Abfahrt zu den LP um ca. sechs Minuten verringert. Das zeigt, dass auch bei einem dichten LP-Netz, wie im Stuttgarter Innenstadtbereich, die Position von der aus eine Lademöglichkeit aufgesucht wird den Aufwand für den ZLV beeinflusst. Der Einfluss der Infrastruktur wird im nächsten Abschnitt detailliert untersucht.

Unabhängig von der Umgebungstemperatur ist festzuhalten, dass die Anzahl der durchgeführten ZVL für höhere SOC-Schwellen und kürzere Ladezeiten ansteigt. Dies liegt daran, dass die SOC-Schwellen wie in Abbildung 6.3 zu sehen früher unterschritten werden und hierdurch das Potential der Batterie in einem geringeren Umfang genutzt wird. Der Zeitpunkt, ab dem eine Lademöglichkeit für den ZLV aufgesucht wird, ist vom aktuellen SOC und dem Betriebszustand des Taxis abhängig. Es ist möglich, dass ein LP erst deutlich unterhalb der SOC-Schwelle aufgesucht wird. So wird beispielsweise bei der Umgebungstemperatur von null Grad Celsius für die ZL-Strategie Eins der erste Ladevorgang bei einem SOC von ca. 53 % weit unterhalb der definierten SOC-Schwelle von 75 % durchgeführt. Die Ursache ist, dass während die SOC-Schwelle unterschritten wird, noch Fahrgäste transportiert werden. Die durchschnittliche Strecke für die An- und Abfahrt zu den LP liegt im Bereich von 0,6 bis 1,4 Kilometer und ist aufgrund des engmaschigen Ladepunktenetz im Stuttgarter Innenstadtbereich vergleichsweise kurz. Multipliziert mit der Anzahl der ZLV ergeben sich teils erhebliche zusätzliche Strecken von bis zu 20 Kilometern für die An- und Abfahrt zu den LP. Abhängig von der Umgebungstemperatur und den ZL-Strategien Eins bis Drei schwankt die Gesamtbetriebszeit zwischen 5,6 und zehn Stunden stark. Hier besteht ein kausaler Zusammenhang zur Höhe der SOC-Schwelle und der Länge der Ladezeit. Umso höher die SOC-Schwelle und kürzer die Ladezeit, desto länger sind die Betriebs- sowie Gesamtbetriebszeiten. Zwar wird die Restreichweite während des Betriebs verbessert, jedoch verringert sich die Einsatzzeit und damit auch die Wirtschaftlichkeit. Ist der Zeitbedarf, der während des Fahrbetriebs zusätzlich für den ZLV ohne Schlussladevorgang aufgewendet werden muss, in einem Bereich bis 45 Minuten, kann dieser als Pausenzeit des Fahrers verwendet werden. Liegt die Gesamtbetriebszeit nur um wenige Minuten über den Zeiten ohne ZLV, sind bei einem Mehrschichtbetrieb die Einbußen hinsichtlich der Wirtschaftlichkeit sehr gering. Müssen darüber hinaus aufgrund der höheren Restreichweiten weniger Fahrten abgelehnt werden, reduziert dies das Warten auf den nächsten passenden Fahrauftrag und damit die Bereitstellungszeiten. Hierdurch kehrt sich der Nachteil der etwas längeren Gesamtbetriebszeit zu einem Vorteil mit verbesserter Wirtschaftlichkeit um. Die ZL-Strategie Eins ist in allen drei untersuchten Betriebsparametervariationen aufgrund der deutlichen Erhöhung der Betriebs- und Gesamtbetriebszeit die unwirtschaftlichste und damit ungeeignetste. Die ZL-Strategie Drei beeinflusst für dieses Beispiel lediglich im Winterbetrieb den ZLV und Fahrbetrieb. In diesem Fall ist die Gesamtbetriebszeit lediglich um zwölf Minuten kürzer als mit der ZL-Strategie Zwei. Die Strategie Zwei bietet für alle untersuchten Umgebungstemperaturen und aufgrund der beschriebenen positiven Auswirkungen für die exemplarische Taxischicht den besten Kompromiss. Die Gesamtbetriebsdauer erhöht sich nur um ca. zwölf Minuten und die minimale Reichweite verbessert sich im anspruchsvollen Winterbetrieb um zwölf Kilometer und im Sommerbetrieb um 22 Kilometer gegenüber der ZL-Strategie Drei.

6.5.2 Ergebnisse der Infrastruktur-Parametervariation

In der Tabelle 6.5 sind die Simulationsergebnisse des Nutzungsprofils für die zuvor definierten Parametervariationen der Infrastruktur bei der Umgebungstemperatur von null Grad Celsius aufgelistet. Die Abbildung 6.4 zeigt für diese Variation den SOC-Verlauf über die Zeit. Das oberste Diagramm stellt den SOC-Verlauf für das Infrastruktur-Szenario A, das mittlere für Szenario B und das untere für Szenario C für die definierten ZL-Strategien dar.

Infrastruktur-Szenario A: Der Vergleich der Ergebnisse des Infrastruktur-Szenarios A, mit denen der realen Infrastruktur bei der selben Umgebungs-

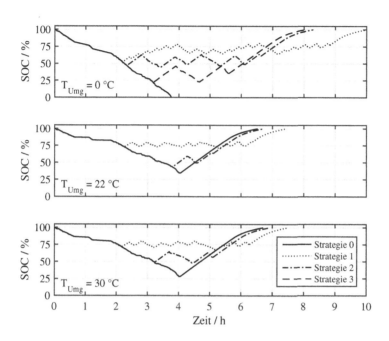

Abbildung 6.3: Simulationsergebnisse der Parametergruppe Umwelt. Die ZL-
Strategien sind entsprechend der Tabelle 6.1 definiert.

temperatur von null Grad Celsius zeigt keine signifikante Verbesserungen aufgrund der doppelten Anzahl der zur Verfügung stehenden öffentlichen LP. Bei
der Anwendung der ZL-Strategien Zwei und Drei sind die Ergebnisse identisch. Lediglich für die ZL-Strategie Eins ergeben sich Vorteile bezüglich der
Gesamtbetriebszeit von ca. sechs Minuten. Die Gesamtstrecke ist um einen Kilometer und die durchschnittliche Strecke der An- und Abfahrten zu den LP
um 0,1 Kilometer kürzer als die beim realen Infrastruktur-Szenario dieser ZL-
Strategie. Die erwartete Verbesserung hinsichtlich des Aufwands (Strecke und
Zeitbedarf) zum Erreichen einer öffentlichen Lademöglichkeit stellt sich nicht
ein. Grund hierfür ist das ohnehin schon gute und engmaschige Ladenetz im
Stuttgarter Innenstadtbereich. Des Weiteren sorgen die implementierte Strategie und der eingesetzte Routing-Algorithmus „Dijkstra" dafür, dass immer der
nächste freie LP mit dem kürzesten Anfahrtsweg aufgesucht wird.

Tabelle 6.5: Simulationsergebnisse der Infrastruktur-Szenarien für die Umgebungstemperatur von null Grad Celsius. Die ZL-Strategien sind entsprechend der Tabelle 6.1 definiert.

ZL-Strategie für Infrastruktur A	Eins	Zwei	Drei
Zwischenladevorgänge	17	5	2
Gesamtstrecke in km	112,6	98,2	97,8
∅-Strecke zu LP in km	1	0,6	1,4
Energieverbrauch in kWh/100km	38,9	37	36,2
Min.-SOC in %	52,9	44,5	22,5
Min.-Restreichweite in km	38,1	33,6	17,4
Betriebszeit in h	8,8	6,6	5,6
Gesamtbetriebszeit in h	9,9	8,3	8

ZL-Strategie für Infrastruktur B	Eins	Zwei	Drei
Zwischenladevorgänge	8	2	0
Gesamtstrecke in km	102,5	96,5	95
∅-Strecke zu LP in km	0,9	0,8	0
Energieverbrauch in kWh/100km	33,5	32	31,6
Min.-SOC in %	66,4	46,7	34,2
Min.-Restreichweite in km	55,5	40,8	30,3
Betriebszeit in h	6,3	5,1	4
Gesamtbetriebszeit in h	7,5	6,8	6,5

ZL-Strategie für Infrastruktur C	Eins	Zwei	Drei
Zwischenladevorgänge	8	2	0
Gesamtstrecke in km	102,5	96,9	95
∅-Strecke zu LP in km	1	1	0
Energieverbrauch in kWh/100km	33,5	32	31,6
Min.-SOC in %	66,4	46,7	34,2
Min.-Restreichweite in km	55,5	40,8	30,3
Betriebszeit in h	6,3	5,1	4
Gesamtbetriebszeit in h	7,6	6,8	6,5

Infrastruktur-Szenario B: Die Ergebnisse des Infrastruktur-Szenarios B sind für alle drei ZL-Strategien besser als für das Szenario A. Aufgrund der Möglichkeit, jede Bereitstellung am TP, die länger als zwei Minuten dauert, zum ZL nutzen zu können, reduzieren sich die ZLV an öffentlichen LP um über 50 %. Bei der Anwendung der ZL-Strategie Drei werden gar keine ZLV an öffentlichen LP durchgeführt. Hierdurch werden die wirtschaftlich wichtigen Größen von Betriebs- und Gesamtbetriebszeit um 1,5 Stunden für die ZL-Strategie Zwei und Drei und um 2,5 Stunden beim Einsatz der ZL-Strategie Eins verbessert. Wie in Abbildung 6.4 im mittleren Diagramm ersichtlich, findet für die Anwendung der ZL-Strategie Zwei kurz vor dem Schlussvorgang ein zweiter ZLV statt. Wie oben beschrieben, kann durch Auslassen dieses ZLV die Gesamtbetriebszeit, ohne Einbußen hinsichtlich des minimalen SOC und der Restreichweite, reduziert werden. Im Vergleich zum Infrastruktur-Szenario A stehen dem Taxifahrer zwischen sieben und 17 Kilometer längere Restreichweiten während der Taxischicht mit diesem Infrastruktur-Szenario zur Verfügung. Nachteilig ist, dass für dieses Infrastruktur-Szenario an allen 42 Taxiplätzen im Innenstadtbereich ebenso viele Lademöglichkeiten wie Fahrzeugstellplätze installiert werden müssen. Abgesehen von der baulichen Umsetzbarkeit erfordert dies einen höheren Kapitaleinsatz als beim Szenario C.

Infrastruktur-Szenario C: Für das Infrastruktur-Szenario C ergeben sich keine Nachteile hinsichtlich der untersuchten Betriebsgrößen im Vergleich zum Szenario B. Das Taxi steuert in diesem Nutzungsprofil die Taxiplätze mit LP an, die in den Voruntersuchungen als am besten geeignet identifiziert wurden. Werden diese sechs Taxiplätze nur zum Teil oder nur Taxiplätze ohne LP angesteuert, verschlechtern sich die Betriebs- und Gesamtbetriebszeit hin zu den Ergebnissen der realen Infrastruktur.

Die Ergebnisse der Betriebsparameterstudie für die drei ZL-Strategien zeigen unterschiedliche Vor- und Nachteile hinsichtlich der Kriterien Gesamtbetriebsdauer, minimaler SOC und der daraus resultierenden Restreichweite. Aufgrund der Aspekte der Wirtschaftlichkeit beim gewerblichen Einsatz von BEV und den Bestimmungen des Arbeitszeitgesetzes kann die Gesamtbetriebszeit höher gewichtet werden als der SOC und die damit verbundene Restreichweite. Auf Basis dieser Annahme ist die ZL-Strategie Zwei, unabhängig von der Umgebungstemperatur und dem Infrastruktur-Szenario, die mit dem besten Kompromiss. Allerdings ist zu untersuchen, ob es neben den drei definierten Strategien noch weitere Kombinationen aus Ladezeit und SOC-Schwelle gibt, die hinsichtlich der Gesamtbetriebsdauer, dem minimalen SOC und der daraus resultierenden Restreichweite bessere Kompromisse liefern. Aus diesem Grund wird im Folgenden eine stufenlose Optimierung der ZL-Strategie mittels des vorgestellten multikriteriellen Optimierungsverfahrens durchgeführt. Die Optimierungen werden auf das definierte Nutzungsprofil und das reale

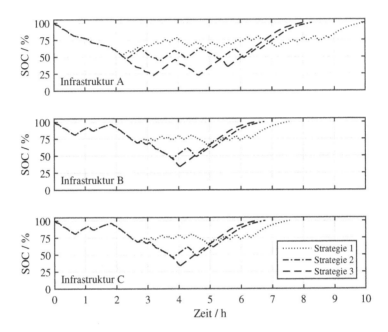

Abbildung 6.4: Simulationsergebnisse der Infrastruktur-Szenarien für die Umgebungstemperatur von null Grad Celsius. Die ZL-Strategien sind
entsprechend der Tabelle 6.1 definiert.

Infrastruktur-Szenario im anspruchsvollen Winterbetrieb bei der Umgebungstemperatur von 0° Celsius angewandt.

6.6 Optimierung der Ladestrategie

Auf Basis der in Kapitel 4 vorgestellten Optimierungsmethode werden im
Folgenden die Ergebnisse der Optimierung der Ladestrategie vorgestellt und
diskutiert. Die multikriterielle Optimierung der Parameter Ladezeit und SOC-
Schwelle wird exemplarisch an dem oben eingeführten Nutzungsprofil angewandt. Zunächst werden die Randbedingungen und Grenzen definiert. Darauf

folgend werden die Ergebnisse für das reale Infrastruktur-Szenario und der Jahreszeiten dargestellt und diskutiert.

6.6.1 Randbedingungen

Die identifizierten Optimierungsparameter x_{OP} in Bezug auf den ZLV sind die Ladezeit t_{LV} in Minuten und die SOC-Schwelle ξ_{LV} in Prozent, ab dieser das Taxi eine Lademöglichkeit aufsuchen soll. Auf Basis der Gleichung 4.8 sind die Grenzen, die den Parameterraum dieser Optimierung beschränken, wie folgt definiert:

$$\vec{UG} = \begin{pmatrix} t_{LV} = 10 \\ \xi_{LV} = 20 \end{pmatrix} \text{ und } \vec{OG} = \begin{pmatrix} t_{LV} = 50 \\ \xi_{LV} = 80 \end{pmatrix} \qquad \text{Gl. 6.1}$$

Aufgrund der Ergebnisse der Betriebsparameterstudie wird die Ladezeit auf maximal 50 Minuten begrenzt. Längere Ladezeiten und damit Stillstandszeiten außerhalb des Betriebshofs sind dem Taxifahrer nicht zuzumuten. Bei kürzeren Ladezeiten als zehn Minuten rentiert sich der Aufwand für die An- und Abfahrt sowie das Verbinden und Anmelden des Fahrzeugs an dem LP nicht. Den ZLV bei SOC > 80 % zu starten ist ungünstig, da in diesem Fall die Ladeleistung aus Bauteilschutzgründen reduziert wird. Des Weiteren wird, wie zuvor gezeigt, das Energiespeicherpotential der Batterie zu einem großen Teil nicht genutzt. Je nach Anwendungsfall und Nutzungsprofil ist die obere Grenze der SOC-Schwelle zu reduzieren, um den Suchraum einzugrenzen und die Effektivität des Optimierers zu erhöhen. Das Aufsuchen eines LP unterhalb von 20 % erhöht die Gefahr des Liegenbleibens gerade bei tieferen Umgebungstemperaturen. Zudem können nur noch Fahraufträge mit kurzen Fahrdistanzen angenommen werden, wodurch längere Fahraufträge abgelehnt werden müssen und sich die Wartezeit am TP auf kurze Fahraufträge erhöht. Des Weiteren gelten die selben Randbedingungen beim Unterbrechen des Nutzungsprofils und dem Betriebszustand des E-Taxis für das Aufsuchen einer Lademöglichkeit wie bei der zuvor durchgeführten Betriebsparameterstudie.

6.6.2 Ergebnisse

In diesem Unterkapitel werden die optimierten Ladestrategien vorgestellt und die Ergebnisse diskutiert. Dabei wird die Methode auf das vorgestellte Nutzungsprofil und die zuvor untersuchten drei Umgebungstemperaturen von null Grad, 22° und 30° Celsius für das reale Infrastruktur-Szenario angewandt.

Die Abbildung 6.5 zeigt im oberen Diagramm die Optimierung für die Umgebungstemperatur von null Grad, das mittlere für 22° und das untere für 30° Celsius. Alle Lösungen auf der Pareto-Front sind wie zuvor definiert pareto-optimal bezüglich den definierten Optimierungskriterien. Die Ergebnisse bestätigen die bei der Parameterstudie festgestellte Abhängigkeit der Gesamtbetriebszeit von der Umgebungstemperatur. Aufgrund der klimatisierten Fahrzeugbatterie der eingesetzten B-Klasse ED kann der temperaturabhängige Wirkungsgrad dieser vernachlässigt werden. Wie in [96] ermittelt und im Modell der Klimatisierungsleistung angewandt kann näherungsweise ein quadratischer Zusammenhang zwischen dem Energiebedarf für die Klimatisierung des Fahrzeuginnenraums und der Umgebungstemperatur angenommen werden. Da der Energieverbrauch für die Klimatisierung durch den Ladevorgang ausgeglichen werden muss, besteht ein quadratischer Zusammenhang zwischen der Umgebungstemperatur und der Gesamtbetriebszeit inkl. Ladezeit bei vergleichbarem minimalen SOC.

Winterbetrieb: Das Ergebnis der Optimierung bei der Umgebungstemperatur von null Grad Celsius zeigt eine starke Streuung der Lösungen und eine geringe Dichte dieser hinter der Pareto-Front, im Vergleich zu den Optimierungen bei den anderen Umgebungstemperaturen. Dies lässt auf eine geringe Konvergenzgeschwindigkeit zum theoretisch möglichen Pareto-Optimum schließen. D. h. der Schwarm konnte innerhalb der vorgegeben Iterationsschritte nur wenige größere Bereiche von globalen Optima zu Beginn der Grobsuche identifizieren und sich in der Feinsuche gegen Ende des Suchvorgangs darauf konzentrieren. Dies liegt u. a. an dem hohen Energieverbrauch in Verbindung mit den durch das Nutzungsprofil vorgegebenen möglichen Bereichen zum Aufsuchen einer Lademöglichkeit. Der mögliche Lösungsraum für den Optimierungsparameter der SOC-Schwelle wird dadurch kleiner. Wie auch die Ergebnisse der Parameterstudie zeigen, fällt der SOC auf ca. 50 % unabhängig von dem OP der SOC-Schwelle aufgrund der Zeit von 1,5 Stunden, in der das E-Taxi ununterbrochen beauftragt ist oder am TP auf Fahraufträge wartet. Hierdurch

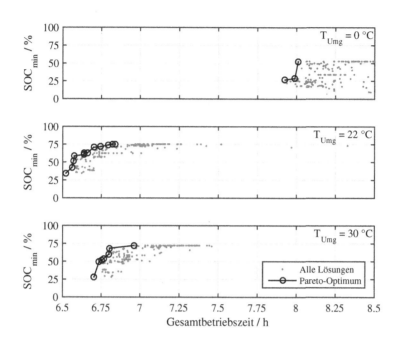

Abbildung 6.5: Optimierungsergebnisse bei den Umgebungstemperaturen 0°, 22° und 30° Celsius für das reale Infrastruktur-Szenario

können für das exemplarische Nutzungsprofil in Verbindung mit diesem Szenario keine Verbesserungen des minimalen SOC über 53 % erzielt werden. Für eine wiederholte Optimierung ist die obere Grenze des Optimierungsparameters SOC-Schwelle entsprechend anzupassen, um die Effektivität des Optimierungsverfahrens in der Phase der Grobsuche zu steigern. Einer andere Möglichkeit ist die Anzahl der Iterationsschritte zu erhöhen, was allerdings zu deutlich längeren Berechnungs- und Simulationszeiten führt. Auf Basis der Lösungen auf der Pareto-Front ist, um einen minimalen SOC von 52 % nicht zu unterschreiten, eine ZL-Strategie mit der SOC-Schwelle von 56 % und einer Ladezeit von 50 Minuten notwendig. Die Anwendung dieser ZL-Strategie ergibt eine Gesamtbetriebszeit von ca. acht Stunden bei einem minimalen SOC von 53 %. Eine kürzeste Gesamtbetriebszeit von 7,9 Stunden wird durch Anwendung der ZL-Strategie mit der SOC-Schwelle von 31 % und der Ladezeit von

45 Minuten erzielt. Mit dieser sinkt der SOC nicht unter 27 %, was einer Re-streichweite von ca. 20 Kilometern entspricht.

Frühjahrs- und Sommerbetrieb: Im Gegensatz zum Winterbetrieb ist das Konvergenzverhalten zum theoretischen Pareto-Optimum bei den Umgebungs-temperaturen von 22° und 30° Celsius besser. Die Streuung ist geringer und die Dichte hinter der Pareto-Front höher. Das heißt, die Bereiche der globalen Opti-ma werden während der Grobsuche identifiziert und deren lokale Optima in der Feinsuche gefunden. Oberhalb des minimalen SOC von ca. 75 % sind für die zuvor definierten Grenzen der OP keine Verbesserungen des minimalen SOC während des Betriebs möglich. Im Gegenteil, es können auch ZL-Strategien durchgeführt werden, durch die sich eine deutliche Verschlechterung von meh-reren Stunden bezüglich der Gesamtbetriebszeit einstellt. Die gesetzte obere Grenze der SOC-Schwelle von 80 % wird um fünf Prozent unterschritten. Die Ursachen sind die gleichen wie zuvor beschrieben.

Im Folgenden werden die Ergebnisse der Optimierung bei der Umgebungstem-peratur von 22° Celsius detailliert analysiert und im Kontext zum Taxibetrieb bewertet. Die Abbildung 6.6 stellt die Ergebnisse bei der Umgebungstempera-tur von 22° Celsius dar. Wie in Kapitel 4 bei der Parameterwahl des Optimie-rers angedeutet zeigen die Evaluierungen im Lösungsraum Lücken für den OP des minimalen SOC z. B. in dem Bereich von 45 bis 50 %, in denen keine Lö-sungen gefunden werden können. Dies ist ebenfalls auf die Restriktionen für das Aufsuchen einer Lademöglichkeit in Verbindung mit dem Nutzungsprofil zurückzuführen. Die pareto-optimalen Lösungen zeigen für die ZL-Strategien Zwei bis Vier deutliche Verbesserungen hinsichtlich des minimalen SOC von ca. zehn bis 25 % bei einer geringfügigen Erhöhung der Gesamtbetriebszeit von weniger als fünf Minuten im Vergleich zum Taxibetrieb ohne ZLV. Die-se und die Lösungen an den Rändern auf der Pareto-Front werden nun näher analysiert. Hierzu listet die Tabelle 6.6 die Parameter der pareto-optimalen ZL-Strategien Eins bis Fünf (vgl. Abbildung 6.6) auf. Die detaillierten Ergebnisse der Anwendung der pareto-optimalen ZL-Strategien auf den exemplarischen Taxibetrieb sind in Tabelle 6.7 aufgeführt.

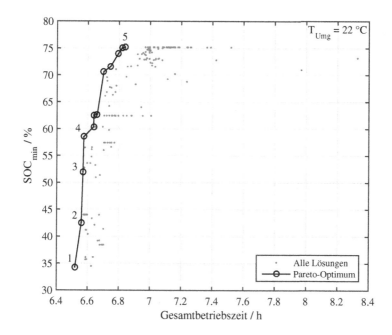

Abbildung 6.6: Detaillierte Optimierungsergebnisse bei der Umgebungstemperatur von 22° Celsius für das reale Infrastruktur-Szenario

Tabelle 6.6: Parameter der pareto-optimalen ZL-Strategien bei der Umgebungstemperatur von 22° Celsius und dem realen Infrastruktur-Szenario

Pareto-optimale ZL-Strategie	Ladezeit / min	SOC-Schwelle / %
Eins	27	33
Zwei	41	43
Drei	49	52
Vier	49	60
Fünf	34	77

Die pareto-optimalen ZL-Strategien Eins und Fünf zeigen jeweils für ein Optimierungskriterium, entweder des minimalen SOC oder der Gesamtbetriebsdauer, das Optimum bzw. beste Ergebnis zu den definierten Randbedingungen. Strategie Fünf ist aufgrund der Zunahme der Betriebszeiten ungeeignet und bei

Tabelle 6.7: Ergebnisse der pareto-optimalen ZL-Strategien bei der Umgebungstemperatur von 22° Celsius und dem realen Infrastruktur-Szenario

Pareto-optimale ZL-Strategie	Eins	Zwei	Drei	Vier	Fünf
Zwischenladevorgänge	0	1	1	1	3
Gesamtstrecke in km	95	95,6	95,6	95,7	97,2
∅-Strecke zu LP in km	0	0,6	0,6	0,7	0,8
Energieverbrauch in kWh/100km	22,2	22,2	22,2	22,3	22,3
Min.-SOC in %	34,3	42,6	52	58,5	75,2
Min.-Restreichweite in km	43,2	53,7	65,5	73,5	94,5
Betriebszeit in h	4,04	4,72	4,87	4,87	5,79
Gesamtbetriebszeit in h	6,52	6,56	6,57	6,58	6,84

der Strategie Eins wird der minimale SOC gegenüber dem Betrieb ohne ZLV aufgrund der zu niedrigen SOC-Schwelle nicht verbessert. Unter Berücksichtigung der höheren Gewichtung der Gesamtbetriebsdauer resultiert der beste Kompromiss bei der Anwendung der ZL-Strategie Vier. Hierdurch fällt die Restreichweite nicht unter 73 Kilometer, was einem Plus von 30 Kilometern gegenüber dem Betrieb ohne ZLV entspricht. Damit können bis zu sieben weitere durchschnittliche Fahraufträge angenommen werden. Es wird lediglich ein ZLV durchgeführt, wodurch der Blindaufwand des Ladevorgangs reduziert wird. Nachteilig ist die lange ununterbrochene Ladezeit von ca. 50 Minuten außerhalb des TP, in dieser das Taxi nicht zum Annehmen von Fahraufträgen eingesetzt werden kann. Zudem wird die Batterie beim ZL knapp über 80 % geladen, was die Effektivität des Ladevorgangs verringert. Die Reduzierung der Ladeleistung ist in diesem Bereich noch gering. Vermieden wird dies bei gleicher Ladezeit durch eine acht Prozent geringere SOC-Schwelle mit der ZL-Strategie Drei. Entsprechend verringern sich der minimale SOC und die Restreichweite um acht auf 65 Kilometer gegenüber der ZL-Strategie Vier. Bei der Anwendung der ZL-Strategie Zwei wird die Restreichweite nur um zehn anstatt 30 Kilometer verbessert. Die zur Verfügung stehenden 53 Kilometer sind ausreichend, um ca. fünf durchschnittliche Kundenfahrten durchführen zu können. Die Gesamtbetriebszeit ist vergleichbar mit der ZL-Strategie Vier, die Betriebszeit ist um ca. zehn Minuten geringfügig kürzer. Von Vorteil sind die kürzere Ladezeit von 40 Minuten und die geringere SOC-Schwelle von 43 % gegenüber der ZL-Strategie Vier. Hierdurch muss die Zwangspause zum Laden erst nach 3,5 Stunden und damit ca. 45 Minuten später durchgeführt werden. Somit lassen sich Auftragsspitzen wie z. B. zu Berufsverkehrs-

oder Veranstaltungszeiten flexibler bedienen und die hohe Nachfrage in dieser Zeit zur Verbesserung der Auslastung und der Wirtschaftlichkeit nutzen. Es ist davon auszugehen, dass die zehn Minuten kürzere Ladezeit als angenehmere Unterbrechung des Betriebs empfunden wird. Allgemein zeigen die pareto-optimalen Lösungen ein breites Spektrum an ZL-Strategien und damit eine große Anzahl an Entscheidungs- und Nutzungsmöglichkeiten. Welche dieser optimierten ZL-Strategien vom Taxiunternehmer oder -fahrer eingesetzt werden, hängt nicht zuletzt vom Betriebsmodell wie Ein- oder Mehrschichtbetrieb, sondern auch von den Gewohnheiten und Anpassungsmöglichkeiten des spezifischen Taxibetriebs ab.

6.7 Fazit

Mit der entwickelten Methode ist die Optimierung der Ladestrategie von einzelnen BEV in gewerblichen Fahrzeugflotten mit dynamischen Betriebsabläufen, wie beim Taxibetrieb, möglich. Ein Eingriff in die Disponierung der Fahraufträge ist nicht notwendig, wodurch diese Methode gerade für Betriebe mit einer kleinen Fahrzeugflotte von eins bis fünf Fahrzeugen geeignet ist. Durch den Einsatz der mikroskopischen Verkehrssimulation muss das Geschwindigkeits- und Höhenprofil nicht vorliegen, sondern kann simulativ aus einem repräsentativen Bewegungsprofil mit geringer Datendichte erzeugt werden. Je mehr Betriebsinformationen wie z. B. wiederkehrende Fahraufträge mit Start- und Zielangaben vorliegen, desto spezifischer sind die Ergebnisse der Optimierungen. Die Optimierungsergebnisse sind Handlungsempfehlungen für den Fahrer, die im Fahrbetrieb den Beginn und die Dauer von ZLV angeben. Für das repräsentative E-Taxi Nutzungsprofil kann mit den optimierten ZL-Strategien für das Anwendungsbeispiel E-Taxi mit der MB B-Klasse ED die Restreichweite um bis zu 30 Kilometer verbessert werden, was bei einer durchschnittlichen Taxischicht zusätzlich drei Kundenfahrten ermöglicht. Wie zuvor mittels der Betriebsparameterstudien gezeigt, sind mit dieser Methode Untersuchungen zur Auswirkung des Fahrbetriebs bei sich ändernden Betriebsparametern, wie der Umgebungstemperatur oder der Infrastruktur, möglich. Darüber hinaus können mit dieser Methode z. B. Flottenunternehmer vorab die Umsetzbarkeit des Betriebs mit BEV ermitteln oder Infrastrukturplaner die Verbesserungen von Investitionen in die Ladeinfrastruktur abschätzen.

Aufgrund des nicht implementierten Fremdverkehrs der Verkehrssimulation ist das Untersuchungs- und Optimierungsgebiet einzuschränken. Bei Fahrzeuggeschwindigkeiten von über 50 km/h außerhalb geschlossener Ortschaften kann der Luftwiderstand nicht mehr vernachlässigt werden. Für Untersuchungsgebiete, die Land-, Bundesstraßen oder Autobahnen enthalten, sollte ein Fremdverkehr implementiert sein. Des Weiteren sind die simulierten Betriebszeiten, in Abhängigkeit der Verkehrsdichte, kürzer als in der Realität. Dies ist bei der Anwendung der Optimierungsergebnisse in Mehrschichtbetrieben und in Bezug auf die gesetzlich vorgeschriebenen maximalen Arbeits- und Lenkzeiten zu berücksichtigen.

7 Zusammenfassung und Ausblick

Die Mobilität mit konventionell angetriebenen Fahrzeugen steht vor einem Wandel. Die treibenden Kräfte zur Substitution dieser Antriebe durch alternativ angetriebene Fahrzeuge sind u. a. der technische Fortschritt, die positive Wirkung beim Umwelt- und Klimaschutz sowie die Energiepolitik bzw. die forcierte Energiewende. Demgegenüber stehen technische Herausforderungen, wie z. B. die zurzeit noch geringeren Reichweiten, höhere Ladezeiten und damit das Nachladen der Energie gegenüber konventionell angetriebenen Fahrzeugen, die gerade im gewerblichen Einsatz berücksichtigt werden müssen. Für eine schnelle Substitution müssen Einschränkungen und notwendige Anpassungen bei der Planung und Durchführung des Betriebsablaufs transparent sein. Darüber hinaus ist es sinnvoll und notwendig diese strategischen Anpassungen betriebsspezifisch zu optimieren.

Aus diesen Gründen und auf Basis der Forschungsfragen wird in dieser Arbeit ein methodischer Ansatz zur Optimierung von Energieladestrategien für elektrisch angetriebene Fahrzeuge entwickelt. Der Fokus liegt auf der ganzheitlichen Erfassung der relevanten Betriebsparameter und der realitätsnahen Modellierung und Optimierung dieser. Als Anwendungsbeispiel dient das Taxigewerbe mit dem Einsatz von rein batterieelektrisch anstatt verbrennungsmotorisch angetriebenen Fahrzeugen in Stuttgart. Aufgrund des dynamischen Betriebsverhaltens im Vergleich zum statischen Betrieb von z. B. Linienbussen mit festen Fahrplänen und Routen ist dies der anspruchsvollste zu optimierende Fall. Eine weitere Herausforderung stellt das topologische Gebiet von Stuttgart im Vergleich zu annähernd ebenen Städten, wie Berlin oder München, dar. Die Analysen und Optimierungen des Taxibetriebs werden mit real ermittelten Datensätzen durchgeführt.

Das zweite Kapitel geht detailliert auf den für diese Arbeit relevanten Stand der Technik ein. Es wird wissenschaftlich untersucht und geprüft, inwieweit die bisherigen Methoden und Ansätze genutzt werden können. Vorgestellt und betrachtet werden der Taxibetrieb, die Verkehrs- und Fahrzeugmodellierung, sowie die Ladetechnologie und Optimierung. Die Analysen der verfügbaren Emissions- und Energiemodelle von Verkehrsdynamiksimulationen verdeutlichen, dass diese den notwendigen und definierten Anforderungen nicht genügen. Aus diesem Grund liegt ein besonderes Augenmerk auf der

© Springer Fachmedien Wiesbaden GmbH, ein Teil von Springer Nature 2019
R. Pfeil, *Methodischer Ansatz zur Optimierung von Energieladestrategien für elektrisch angetriebene Fahrzeuge*, Wissenschaftliche Reihe Fahrzeugtechnik Universität Stuttgart, https://doi.org/10.1007/978-3-658-25863-4_7

Antriebsstrang- und Batteriemodellierung zur Energieverbrauchsermittlung
und SOC-Bilanzierung. Darüber hinaus werden diverse Optimierungsansätze
analysiert und die Wahl des Ansatzes zum Lösen des multikriteriellen Optimierungsproblems begründet.

Den Hauptteil dieser wissenschaftlichen Arbeit bilden der neu entwickelte methodische Optimierungsansatz und das daraus abgeleitete modulare Simula-
tions- und Optimierungs-Framework, die in Kapitel 4 und 5 vorgestellt werden.
Der Optimierungsansatz berücksichtigt die in Kapitel 3 mittels der 3x3 Parametermatrix ganzheitlich identifizierten relevanten Betriebsparameter. Die Ergebnisse werden bei der Definition der Optimierungsparameter, der Zielfunktion
und der Randbedingungen der Optimierung berücksichtigt. Für das exemplarische Anwendungsbeispiel werden die Parameter des Optimierers untersucht
und eine geeignete Wahl getroffen. Das auf Basis des Ansatzes der kinematischen Rückwärtssimulation modellierte Leistungsanforderungsmodell ermittelt den Leistungsbedarf für ein Fahrprofil um den Faktor 50 mal schneller als
die vorliegende dynamische Vorwärtssimulation, ohne Einbußen hinsichtlich
der Genauigkeit. Zudem ist dieser Modellierungsansatz auf andere Fahrzeug-
typen übertragbar.

Im sechsten Kapitel wird eine Betriebsparameterstudie mit Fokus auf die Energieladestrategie und eine Optimierung dieser am Beispiel E-Taxi durchgeführt.
Exemplarisch wird eine Taxischicht ausgewählt, die mit einer durchschnittlichen E-Taxischicht aus dem Projekt GuEST vergleichbar ist [9, 10]. Für die
Studie werden die Parameter Umgebungstemperatur, Infrastruktur und die Ladestrategie variiert. Die Variablen der ZL-Strategie sind die Ladedauer und
die SOC-Schwelle. Die Ergebnisse zeigen hinsichtlich des Bewertungskriteri-
ums Ladezustand bzw. resultierende Restreichweite für die Anwendung von
Ladestrategien deutliche Verbesserungen. Der untersuchte Winterbetrieb ist
ohne ZL-Strategie gar nicht durchführbar. Allerdings erhöht sich die Gesamtbetriebszeit, aufgrund der Stillstandszeiten beim Ladevorgang an öffentlichen
Ladepunkten, prinzipbedingt. Festzuhalten ist, dass aufgrund des parameter-
sensitiven Taxibetriebs die Zunahme der Gesamtbetriebszeit sowie die Verbesserung des SOC und der Restreichweite von den Variablen der ZL-Strategie
beeinflusst werden. Es ist nicht zielführend, jede Kombination dieser Variablen einzeln zu untersuchen. Aus diesem Grund wird dies im darauffolgenden Schritt zielgerichtet mit der Partikelschwarmoptimierung vorgenommen.
Die Bewertung erfolgt anhand des Pareto-Kriteriums. Die Lösungen auf der
Pareto-Front zeigen eine Vielzahl von Kompromissen aus Verbesserung der

Restreichweite und Erhöhung der Gesamtbetriebsdauer auf. Für das exemplarische Anwendungsbeispiel ist es bei den selben Randbedingungen möglich, die Restreichweite um ca. 30 Kilometer zu erhöhen, bei annähernd gleichbleibender Gesamtbetriebszeit. Diese Verbesserung ermöglicht die Durchführung von zusätzlich drei durchschnittlichen Taxifahrten in einer Taxischicht.

Aufgrund des technologischen Fortschritts werden sich die Randbedingungen der rein elektrisch angetriebenen Fahrzeuge in der Zukunft ändern und verbessern. Im Bereich der Batterietechnologie werden die Energiedichten und damit die Fahrzeugreichweiten zunehmen. Weiterentwicklungen im Bereich der Ladetechnik werden höhere Ladeleistungen und folglich schnellere Ladezeiten ermöglichen. Darüber hinaus ermöglicht das kontaktlose induktive Laden während der Fahrt Energie nachzuladen und verringert den Aufwand und die Zeit zur Vorbereitung des Ladevorgangs an Park- und Ladeplätzen. Es ist anzunehmen, dass in betriebskostensensitiven Bereichen die Verbesserungen hinsichtlich der Energiedichte der Energiespeicher bedarfsorientiert zu kleineren und leichteren Batterien führen wird, anstatt die Reichweite weiter zu erhöhen. Dies reduziert die Investitionskosten sowie die „Total Cost of Ownership" (TCO) bzw. Gesamtkosten des Betriebs. Als Beispiel ist der Streetscooter Work zu nennen. Dieser verfügt über eine, für die innerstädtische Paketzustellung ausreichende, Reichweite von 118 km im NEFZ [104].

Die in der Zukunft voraussichtlich technisch möglichen hohen Ladeleistungen von über 350 kW benötigen ein entsprechend ausgebautes öffentliches Stromnetz. Die Ergebnisse der Untersuchung „Zukünftige Energienetze mit Elektromobilität" zeigen, dass eine Schnellladeinfrastruktur im urbanen Raum wie in Wien eine intelligente Steuerung benötigt, um die Netzinfrastruktur nicht zu überlasten [105]. Aus Infrastruktur- und Wirtschaftlichkeitsgründen werden solche Schnellladesysteme eher an Fernstraßen als im urbanen Raum installiert und verfügbar sein. Des Weiteren ist mit einem engmaschigen und flächendeckenden Ausbau von induktiven Ladesystemen an Park- und Bereitstellungsplätzen, sowie in Fahrspuren, in den nächsten Jahren nicht zu rechnen. Aus diesen Gründen wird die entwickelte Methode zur Optimierung der Energieladestrategie in Zukunft für verschiedene Bereiche, wie z. B. für Einsatzfahrzeuge, Kurierdienste oder Personenbeförderungen benötigt und relevant sein.

Für eine einfachere und intuitivere Nutzung des Simulations- und Optimierungs-Frameworks ist die Programmierung eines grafischen Benutzerinterface in Form einer App für mobile Endgeräte in der Zukunft vorgesehen. Auf Basis der 3x3 Parametermatrix sind die drei Optimierungsschwerpunkte Nutzung,

Infrastruktur und Antriebsstrang denkbar. Des Weiteren würde die Parallelisierung der Optimierung auf vielen Recheneinheiten, z. B. auf einem Server in einer Cloud-Anwendung, die Optimierungszeit erheblich verkürzen. Darüber hinaus sollte der Fremdverkehr auf einer entsprechenden Datenbasis für diverse Verkehrsszenarien für die Erweiterung des Einsatzbereichs implementiert werden. Hierzu könnten die Fahrzeugbewegungen einer ausreichend großen Flotte, wie z. B. alle von der TAZ vermittelten Taxis in Stuttgart (ca. 700 Fahrzeuge) oder die Daten von Induktionsschleifen, eingesetzt werden. Damit ließen sich die Auswirkungen von verschiedenen Verkehrsszenarien, wie beispielsweise bei Großveranstaltungen oder Streiks des öffentlichen Nahverkehrs, auf die Energieladestrategien untersuchen und optimieren.

Literatur

[1] Liebl, J., Lederer, M., Rohde-Brandenburger, J.-W., Roth, K., Biermann, M. und Schäfer, H.: *Energiemanagement im Kraftfahrzeug: Optimierung von CO2-Emissionen und Verbrauch konventioneller und elektrifizierter Automobile*. ATZ/MTZ Fachbuch. Springer Fachmedien, Wiesbaden, 2014.

[2] Omar, N. et al.: "Evaluation of performance characteristics of various lithium-ion batteries for use in BEV application". In: *IEEE Vehicle Power and Propulsion Conference (VPPC), 2010*. IEEE, Piscataway, NJ, 2010, S. 1–6.

[3] Nationale Plattform Elektromobilität: *Fortschrittsbericht 2014 – Bilanz der Marktvorbereitung*. Hrsg. von Gemeinsame Geschäftstelle Elektromobilität der Bundesregierung. Berlin, 2014.

[4] Bernhart, W., Schlick, T., Olschewski, I., Busse, A. und Garrelfs, J.: *Index Elektromobilität Q3 2015*. Hrsg. von Roland Berger GmbH. 2015. URL: www.elektromobilitaet-regensburg.de/fileadmin/user_upload/emobility/Publikationen/Roland_Berger_Index_Elektromobilitaet_Q3_2015_20150911.pdf (besucht am 02.05.2017).

[5] Karle, A.: *Elektromobilität: Grundlagen und Praxis*. 1. Aufl. Fachbuchverl. Leipzig im Hanser-Verl., München, 2015.

[6] Hacker, F., Waldenfels, R. und Mottschall, M.: *Wirtschaftlichkeit von Elektromobilität in gewerblichen Anwendungen: Betrachtung von Gesamtnutzungskosten, ökonomischen Potenzialen und möglicher CO2 Minderung. Im Auftrag der Begleitforschung zum BMWi Förderschwerpunkt IKT*. Berlin, 2015.

[7] Knupfer, S. M., Hensley, R., Hertzke, P. und Schaufuss, P.: *Electrifying insights: How automakers can drive electrified vehicle sales and profitability*. Hrsg. von McKinsey and Company. 2017. URL: www.hypermobil.de/mckinsey-roland-berger-studien-elektromobilitaet/ (besucht am 08.05.2017).

[8] Canzler, W. und Marz, L.: Wert und Verwertung neuer Technologien. In: *Leviathan* 39.2 (2011), S. 223–245.

© Springer Fachmedien Wiesbaden GmbH, ein Teil von Springer Nature 2019
R. Pfeil, *Methodischer Ansatz zur Optimierung von Energieladestrategien für elektrisch angetriebene Fahrzeuge*, Wissenschaftliche Reihe Fahrzeugtechnik Universität Stuttgart, https://doi.org/10.1007/978-3-658-25863-4

[9] Goldschmidt, R., Pfeil, R., Richter, A., Faye, I., Jung, H. und Raible, A.: *GuEST - Gemeinschaftsprojekt Nutzungsuntersuchungen von Elektrotaxis in Stuttgart: Abschlussbericht: Forschungsergebnisse: Laufzeit des Vorhabens vom: 01.01.2013 bis: 30.04.2016.* Universität Stuttgart - ZIRIUS, 2016.

[10] Goldschmidt, R., Pfeil, R., Richter, A., Faye, I., Jung, H. und Raible, A.: *GuEST - Gemeinschaftsprojekt Nutzungsuntersuchungen von Elektrotaxis in Stuttgart: FuE-Programm "Schaufenster Elektromobilität" der Bundesregierung: Abschlussbericht: verwaltungstechnische Ergebnisse: Laufzeit des Vorhabens: 01.01.2013 bis: 30.04.2016.* Universität Stuttgart - ZIRIUS, 2016.

[11] Döring, T. und Aigner-Walder, B.: Zukunftsperspektiven der Elektromobilität - Treibende Faktoren und Hemmnisse in ökonomischer Sicht. In: *Wirtschaft und Gesellschaft - WuG* 38.1 (2012), S. 103–132. URL: www.EconPapers.repec.org/RePEc:clr:wugarc:y:2012v:38i:1p:103 (besucht am 20. 12. 2017).

[12] Tesla Motors: *Model S 90D - Performance und Sicherheit.* Hrsg. von Tesla Motors. URL: www.tesla.com/de_DE/models (besucht am 31. 05. 2017).

[13] Tesla Motors: *Supercharger.* Hrsg. von Tesla Motors. URL: www.tesla.com/de_DE/supercharger (besucht am 31. 05. 2017).

[14] Mercedes Benz: *Technische Daten der B-Klasse ED.* Hrsg. von Daimler AG. URL: www.mercedes-benz.de/content/germany/mpc/mpc_germany_website/de/home_mpc/passengercars/home/new_cars/models/b-class/w242/facts/technicaldata/model.html (besucht am 07. 01. 2016).

[15] Mercedes Benz: *Technische Daten der B-Klasse.* Hrsg. von Daimler AG. URL: www.mercedes-benz.de/content/germany/mpc/mpc_germany_website/de/home_mpc/passengercars/home/new_cars/models/b-class/w246/facts_/technicaldata/models.html (besucht am 07. 01. 2016).

[16] BMW: *Zahlen und Fakten zum BMW i3 und BMW i3s.* Hrsg. von BMW AG. URL: www.bmw.de/de/neufahrzeuge/bmw-i/i3/2017/technische-daten.html (besucht am 20. 12. 2017).

[17] Nationale Plattform Elektromobilität: *Ladeinfrastruktur für Elektro-fahrzeuge in Deutschland–Statusbericht und Handlungsempfehlungen 2015*. Hrsg. von Gemeinsame Geschäftstelle Elektromobilität der Bundesregierung. Berlin, 2015.

[18] EnBW AG: *Die EnBW-Ladestationen*. URL: https://www.enbw.co m/privatkunden/energie-und-zukunft/e-mobilitaet/lade stationen/index.html (besucht am 04.12.2017).

[19] dpa: *Baden-Württemberg will 2000 Ladesäulen für Elektroautos schaffen*. Hrsg. von heise online. URL: https://heise.de/-3739563 (besucht am 04.12.2017).

[20] Fazel, L.: *Akzeptanz von Elektromobilität: Entwicklung und Validierung eines Modells unter Berücksichtigung der Nutzungsform des Carsharing*. Schriften zum europäischen Management. Springer Fachmedien, Wiesbaden, 2014.

[21] Dudenhöffer, K.: *Akzeptanz von Elektroautos in Deutschland und China: Eine Untersuchung von Nutzungsintentionen im Anfangsstadium der Innovationsdiffusion. Zugl.: Universität Duisburg-Essen, Diss., 2014*. Springer Gabler, Wiesbaden, 2015.

[22] Peters, A. und Hoffmann, J.: Nutzerakzeptanz von Elektromobilität. In: *Fraunhofer ISI, Karlsruhe* (2011).

[23] Ammoser, H., Hoppe, M. et al.: *Glossar Verkehrswesen und Verkehrswissenschaften: Definitionen und Erläuterungen zu Begriffen des Transport- und Nachrichtenwesens*. 2006.

[24] Christofides, N., Mingozzi, A. und Toth, P.: Exact algorithms for the vehicle routing problem, based on spanning tree and shortest path relaxations. In: *Mathematical Programming* 20.1 (1981), S. 255–282.

[25] Laporte, G.: The vehicle routing problem: An overview of exact and approximate algorithms. In: *European Journal of Operational Research* 59.3 (1992), S. 345–358.

[26] Dantzig, G. B. und Ramser, J. H.: The Truck Dispatching Problem. In: *Management Science* 6.1 (1959), S. 80–91.

[27] Erdoğan, S. und Miller-Hooks, E.: A Green Vehicle Routing Problem. In: *Transportation Research Part E: Logistics and Transportation Review* 48.1 (2012), S. 100–114.

[28] Grubwinkler, S., Brunner, T. und Lienkamp, M.: "Range Prediction for EVs via Crowd-Sourcing". In: *2014 IEEE Vehicle Power and Propulsion Conference (VPPC)*. IEEE, Piscataway, NJ, 2014, S. 1–6.

[29] Sachenbacher, M., Leucker, M., Artmeier, A. und Haselmayr, J.: "Efficient Energy-Optimal Routing for Electric Vehicles". In: *AAAI 2011 – Conference on Artificial Intelligence*.

[30] Bundesministerium der Justiz und für Verbraucherschutz: *Personenbeförderungsgesetz*. URL: https://www.gesetze-im-internet.de /pbefg/PBefG.pdf (besucht am 15. 12. 2017).

[31] Pfeil, R., Reuss, H.-C., Grimm, M. und Krützfeldt, M. S.: *Identifikation und Analyse einflussrelevanter Parameter des E-Taxibetriebs – Erste technische Projektergebnisse aus GuEST*. Hrsg. von TAE Esslingen. Ostfildern, 2015.

[32] Bischoff, J. und Maciejewski, M.: Agent-based Simulation of Electric Taxicab Fleets. In: *Transportation Research Procedia* 4 (2014), S. 191–198.

[33] Maciejewski, M. und Bischoff, J.: Large-scale Microscopic Simulation of Taxi Services. In: *Procedia Computer Science* 52 (2015), S. 358–364.

[34] Linne + Krause: *Gutachten gemäß § 13 Abs. 4 PBefG über die Funktionsfähigkeit des Taxigewerbes in der Landeshauptstadt Stuttgart sowie in den Städten Filderstadt und Leinfelden - Echterdingen*. URL: http://www.landkreis-esslingen.de/site/LRA-Esslingen -ROOT/get/4081592/Gutachten%20%20gem%C3%A4%C3%9F%20%C 2%A7%2013%20Abs.%204%20PBefG%20%20%C3%BCber%20die%20F unktionsf%C3%A4higkeit%20des%20Taxigewerbes%20%20in %20der%20Landeshauptstadt%20Stuttgart%20%20sow (besucht am 19. 05. 2015).

[35] Bischoff, J. und Maciejewski, M.: "Electric Taxis in Berlin – Analysis of the Feasibility of a Large-Scale Transition". In: *Tools of Transport Telematics: 15th International Conference on Transport Systems Telematics, TST 2015, Wrocław, Poland, April 15-17, 2015. Selected Papers*. Hrsg. von Mikulski, J. Springer International Publishing, Cham, 2015, S. 343–351.

[36] Treiber, M. und Kesting, A.: Verkehrsdynamik und -simulationen: Daten, Modelle und Anwendungen der Verkehrsflussdynamik. In: *Springer, in german* 43 (2010).

[37] Keller, M.: *Handbuch Emissionsfaktoren des Strassenverkehrs: Dokumentation = Handbook emission factors for road transport, version 2.1 (Background report)*. Version 2.1. Bd. 00,712. UBA-FB. INFRAS, Bern, 2004.

[38] DLR: *Simulation of Urban MObility - Wiki*. URL: www.sumo.dlr.d e/wiki/Simulation_of_Urban_MObility_-_Wiki (besucht am 26.05.2017).

[39] Hausberger, S. und Krajzewicz, D.: *COLOMBO Deliverable 4.2: Extended Simulation Tool PHEM coupled to SUMO with User Guide*. 1.01.2014. URL: http://elib.dlr.de/98047/ (besucht am 20.12.2017).

[40] Kurczveil, T., López, P. A. und Schnieder, E.: "Implementation of an Energy Model and a Charging Infrastructure in SUMO". In: *Simulation of Urban MObility User Conference*. 2013, S. 33–43.

[41] Dijkstra, E. W.: A note on two problems in connexion with graphs. In: *Numerische Mathematik* 1.1 (1959), S. 269–271.

[42] Ottmann, T. und Widmayer, P.: *Algorithmen und Datenstrukturen*. 5. Aufl. Spektrum Akademischer Verlag, Heidelberg, 2012.

[43] Wiedemann, J.: *Kraftfahrzeuge I/II: Vorlesungsskript Wintersemester 2009/2010*. Hrsg. von Institut für Verbrennungsmotoren und Kraftfahrwesen - Universität Stuttgart. 2009.

[44] Görke, D.: *Untersuchungen zur kraftstoffoptimalen Betriebsweise von Parallelhybridfahrzeugen und darauf basierende Auslegung regelbasierter Betriebsstrategien*. Wissenschaftliche Reihe Fahrzeugtechnik Universität Stuttgart. 2016.

[45] Guzzella, L. und Sciarretta, A.: *Vehicle Propulsion Systems: Introduction to Modeling and Optimization*. 3rd ed. 2013. Springer, Berlin, Heidelberg, 2013.

[46] Ehsani, M., Emadi, A. und Gao, Y.: *Modern electric, hybrid electric, and fuel cell vehicles: Fundamentals, theory, and design*. 2nd ed. Power electronics and applications series. CRC Press, Boca Raton, 2010.

[47] Winke, F. und Bargende, M.: Dynamische Simulation von Stadthybridfahrzeugen. In: *MTZ - Motortechnische Zeitschrift* 74.9 (2013), S. 702–709.

[48] Roscher, M.: *Zustandserkennung von LiFePO4-Batterien für Hybrid- und Elektrofahrzeuge.* Zugl.: Techn. Hochschule Aachen, Diss., 2010. Bd. 54. Aachener Beiträge des ISEA. Shaker, Aachen, 2011.

[49] Hu, X., Li, S. und Peng, H.: A comparative study of equivalent circuit models for Li-ion batteries. In: *Journal of Power Sources* 198 (2012), S. 359–367.

[50] Dubarry, M., Vuillaume, N. und Liaw, B. Y.: From single cell model to battery pack simulation for Li-ion batteries. In: *Journal of Power Sources* 186.2 (2009), S. 500–507.

[51] Chen, M. und Rincon-Mora, G. A.: Accurate Electrical Battery Model Capable of Predicting Runtime and I–V Performance. In: *IEEE Transactions on Energy Conversion* 21.2 (2006), S. 504–511.

[52] Tsang, K. M., Chan, W. L., Wong, Y. K. und Sun, L.: "Lithium-ion battery models for computer simulation". In: *2010 IEEE International Conference on Automation and Logistics (ICAL)*, S. 98–102.

[53] Bohlen, O.: *Impedance-based battery monitoring. Zugl.: Techn. Hochschule Aachen, Diss., 2008.* Bd. 49. Aachener Beiträge des ISEA. Shaker, Aachen, 2008.

[54] Sauer, D. U. und Bohlen, O.: "Batteriediagnostik und Batteriemonitoring". In: *Neue elektrische Antriebskonzepte für Hybridfahrzeuge.* Expert-Verl., Renningen, 2007, S. 339–361.

[55] Schöllmann, M., Hrsg.: *Innovative Ansätze für modernes Energiemanagement und zuverlässige Bordnetzarchitekturen.* Bd. 71. Fachbuch / Haus der Technik. Expert-Verl., Renningen, 2007.

[56] International Electrotechnical Commission: *Electric vehicle conductive charging system - Part 1: General requirements.* 2010-11-01.

[57] International Electrotechnical Commission: *Plugs, socket-outlets, vehicle connectors and vehicle inlets - Conductive charging of electric vehicles - Part 1: General requirements.* 2014-06-01.

[58] International Organization for Standardization: *Road vehicles - Vehicle to grid communication interface - Part 1: General information and use-case definition.* 2013-04-01.

[59] Coello Coello, C. A., Veldhuizen, D. A. und Lamont, G. B.: *Evolutionary algorithms for solving multi-objective problems*. Bd. 5. Genetic algorithms and evolutionary computation. Kluwer Academic/Plenum Publishers, New York, NY, 2002.

[60] Tellermann, U.: *Systemorientierte Optimierung integrierter Hybridmodule für Parallelhybridantriebe. Zugl.: Techn. Universität Braunschweig, Diss., 2008.* Bd. 15. Schriftenreihe des Instituts für Fahrzeugtechnik, TU Braunschweig. Shaker, Aachen, 2009.

[61] Hans-Jörg Stoß: *Mathematik für Physiker: Vorlesungsskript 2003/ 2004.* Hrsg. von Universität Konstanz. Konstanz, 2003. URL: www.math.uni-konstanz.de/~stoss/mathphys-FT.pdf (besucht am 09.07.2017).

[62] Coello Coello, C. A., Lamont, G. B. und van Veldhuizen, D. A.: *Evolutionary Algorithms for Solving Multi-Objective Problems: Second Edition.* Genetic and Evolutionary Computation Series. Springer US, Boston, MA, 2007.

[63] Michalewicz, Z. und Fogel, D. B.: *How to Solve It: Modern Heuristics.* Second, revised and Extended edition. Springer, Berlin, Heidelberg, 2004.

[64] Pearl, J.: *Heuristics: Intelligent search strategies for computer problem solving.* Repr. with corr. Addison-Wesley series in artificial intelligence. Addison-Wesley, Reading Mass. u.a., 1985.

[65] Vicini, A. und Quagliarella, D.: Multipoint transonic airfoil design by means of a multiobjective genetic algorithm. In: *AIAA Paper* 1997.82 (1997).

[66] Goldberg, D. E.: *Genetic algorithms in search, optimization, and machine learning.* Addison-Wesley series in artificial intelligence. Addison-Wesley, Reading Mass. u.a., 1989.

[67] Reeves, C. R., Hrsg.: *Modern heuristic techniques for combinatorial problems.* Advanced topics in computer science series. Blackwell, Oxford, 1993.

[68] Coello Coello, C. A. und Reyes-Sierra, M.: Multi-Objective Particle Swarm Optimizers: A Survey of the State-of-the-Art. In: *International Journal of Computational Intelligence Research* 2.3 (2006).

[69] Durillo, J. J., García-Nieto, J., Nebro, A. J., Coello Coello, C. A., Luna, F. und Alba, E.: "Multi-objective particle swarm optimizers: An experimental comparison". In: *International Conference on Evolutionary Multi-Criterion Optimization*. 2009, S. 495–509.

[70] Tripathi, P. K., Bandyopadhyay, S. und Pal, S. K.: Multi-Objective Particle Swarm Optimization with time variant inertia and acceleration coefficients. In: *Information Sciences* 177.22 (2007), S. 5033–5049.

[71] Zeng, Y. und Sun, Y.: "Comparison of multiobjective particle swarm optimization and evolutionary algorithms for optimal reactive power dispatch problem". In: *IEEE Congress on Evolutionary Computation (CEC), 2014*. IEEE, Piscataway, NJ, 2014, S. 258–265.

[72] Zheng, Y.-L., Ma, L.-H., Zhang, L.-Y. und Qian, J.-X.: "On the convergence analysis and parameter selection in particle swarm optimization". In: *Proceedings / 2003 International Conference on Machine Learning and Cybernetics*. IEEE Operations Center, Piscataway, NJ, 2003, S. 1802–1807.

[73] Shi, Y. und Eberhart, R. C.: "Empirical study of particle swarm optimization". In: *Proceedings of the 1999 Congress on Evolutionary Computation*. IEEE Service Center, Piscataway, NJ, 1999, S. 1945–1950.

[74] Coello Coello, C. A., Pulido, G. T. und Lechuga, M. S.: Handling multiple objectives with particle swarm optimization. In: *IEEE Transactions on Evolutionary Computation* 8.3 (2004), S. 256–279.

[75] Wagner, T. und Trautmann, H.: "Online convergence detection for evolutionary multi-objective algorithms revisited". In: *IEEE Congress on Evolutionary Computation (CEC), 2010*. IEEE, Piscataway, NJ, 2010, S. 1–8.

[76] Laumanns, M., Thiele, L., Deb, K. und Zitzler, E.: Combining convergence and diversity in evolutionary multiobjective optimization. In: *Evolutionary computation* 10.3 (2002), S. 263–282.

[77] Mastinu, G., Gobbi, M. und Miano, C., Hrsg.: *Optimal Design of Complex Mechanical Systems: With Applications to Vehicle Engineering*. Springer, Berlin, Heidelberg, 2006.

[78] Vaillant, M.: *Design Space Exploration zur multikriteriellen Optimierung elektrischer Sportwagenantriebsstränge: Variation von Topologie und Komponenteneigenschaften zur Steigerung von Fahrleistungen und Tank-to-Wheel Wirkungsgrad.* Bd. 45. KIT Scientific Publishing, 2016.

[79] Auger, A., Bader, J., Brockhoff, D. und Zitzler, E.: "Investigating and exploiting the bias of the weighted hypervolume to articulate user preferences". In: *Proceedings of the 11th Annual conference on Genetic and evolutionary computation.* Hrsg. von Rothlauf, F. ACM, New York, NY, 2009, S. 563.

[80] Engelbrecht, A. P.: *Fundamentals of computational swarm intelligence.* Wiley, Chichester, 2005.

[81] Pfeil, R., Grimm, M. und Reuss, H.-C.: *Approach for the simulative evaluation of charging strategies for electrically-driven vehicle fleets.* Hrsg. von FKFS. Shanghai, 2017.

[82] Wegener, A., Piórkowski, M., Raya, M., Hellbrück, H., Fischer, S. und Hubaux, J.-P.: "TraCI: an interface for coupling road traffic and network simulators". In: *Proceedings of the 11th communications and networking simulation symposium.* 2008, S. 155–163.

[83] DLR: *SUMO - Simulation of Urban MObility.* URL: www.dlr.de/ts /desktopdefault.aspx/tabid-9883 (besucht am 07.01.2018).

[84] Krajzewicz, D., Hertkorn, G., Rössel, C. und Wagner, P.: "SUMO (Simulation of Urban MObility)-an open-source traffic simulation". In: *Proceedings of the 4th Middle East Symposium on Simulation and Modelling (MESM20002).* 2002, S. 183–187.

[85] DLR: *SUMO User Documentation.* URL: www.sumo.dlr.de/wiki /SUMO_User_Documentation (besucht am 11.12.2017).

[86] Reuter, H. I., Nelson, A. und Jarvis, A.: An evaluation of void–filling interpolation methods for SRTM data. In: *International Journal of Geographical Information Science* 21.9 (2007), S. 983–1008.

[87] Mukul, M., Srivastava, V. und Mukul, M.: Accuracy analysis of the 2014–2015 Global Shuttle Radar Topography Mission (SRTM) 1 arcsec C-Band height model using International Global Navigation Satellite System Service (IGS) Network. In: *Journal of Earth System Science* 125.5 (2016), S. 909–917.

[88] Forschungsgesellschaft für Straßen- und Verkehrswesen: *Richtlinen für die integrierte Netzgestaltung RIN 2008*. Hrsg. von FSGV Verlag GmbH. Köln, 2009.

[89] Pfeil, R., Krützfeldt, M. S. und Reuss, H.-C.: *Auslegung, Entwurf und Test eines Messsystems zur Erhebung fahrdynamischer und energetisch relevanter Verbraucherdaten im realen Fahrversuch. Diplomarbeit.* Stuttgart, 2013.

[90] Huynh, P.-L.: *Beitrag zur Bewertung des Gesundheitszustands von Traktionsbatterien in Elektrofahrzeugen. Zugl.: Universität Stuttgart, Diss., 2016.* Schriftenreihe des Instituts für Verbrennungsmotoren und Kraftfahrwesen der Universität Stuttgart. Springer Fachmedien, Wiesbaden, 2016.

[91] Ebel. A., Orner, M., Riemer, T. und Reuss, H.-C.: "Optimierte Auslegung von Antriebssträngen mittels der FKFS–Triebstrangbibliothek: Vorstellung der FKFS–Triebstrangbibliothek und der Kopplung mit dem MO-CMA-ES an der Auslegung eines Elektrofahrzeuges". In: *8. VDI/VDE Fachtagung „AUTOREG 2017 - Automatisiertes Fahren und vernetzte Mobilität"*, S. 391–402.

[92] ADAC e.V.: *ADAC Autotest MB B-Klasse Electric Drive Electric Art.* Hrsg. von ADAC e.V. München, 2015. URL: `www.adac.de/_ext/it r/tests/autotest/AT5271_Mercedes_B_Klasse_Electric_Dr ive_Electric_Art/Mercedes_B_Klasse_Electric_Drive_Ele ctric_Art.pdf` (besucht am 20. 12. 2017).

[93] Treuhand, D. A.: *Leitfaden über den Kraftstoffverbrauch, die CO2-Emissionen und den Stromverbrauch.* 2015.

[94] Rumbolz, P.: *Untersuchung der Fahrereinflüsse auf den Energieverbrauch und die Potentiale von verbrauchsreduzierenden Verzögerungsassistenzfunktionen beim PKW. Zugl.: Universität Stuttgart, Diss., 2013.* Schriftenreihe des Instituts für Verbrennungsmotoren und Kraftfahrwesen der Universität Stuttgart. Expert-Verl., Renningen, 2013.

[95] Schneider, A.: *GPS visualizer.* Hrsg. von Schneider, A. URL: `www .%20gpsvisualizer.%20com` (besucht am 03. 01. 2017).

[96] Reuss, H.-C., Kayser, A. und Orner, M.: *e-volustion - Teilvorhaben: Bedarfsgerechte Auslegung elektrischer und thermischer Systeme im Hoch-leistungs-Elektrofahrzeug (Abschlussbericht).* Hrsg. von Bundesministerium für Bildung und Forschung - BMBF. 2018.

[97] Tesla Motors: *Technische Daten des Modells Roadster.* URL: `www.tes lamotors.com/de_DE/roadster/specs` (besucht am 25.12.2014).

[98] Tesla Motors: *Technologie des Modells Roadster.* URL: `www.teslamot ors.com/de_DE/roadster/technology` (besucht am 25.12.2014).

[99] Pfeil, R., Grimm, M. und Reuss, H.-C.: "Optimized operating strategies for electrified taxis by means of condition-based load collectives". In: *16. Internationales Stuttgarter Symposium: Automobil- und Motorentechnik.* Hrsg. von Bargende, M., Reuss, H.-C. und Wiedemann, J. Springer Fachmedien, Wiesbaden, 2016, S. 659–672.

[100] Schallaböck, K. O. et al.: *Modellregionen Elektromobilität - Umweltbegleitforschung Elektromobilität.* Hrsg. von Wuppertal Institut. Wuppertal, 2012.

[101] Auer, M.: *Ein Beitrag zur Erhöhung der Reichweite eines batterieelektrischen Fahrzeugs durch prädiktives Thermomanagement. Zugl.: Universität Stuttgart, Diss., 2016.* Schriftenreihe des Instituts für Verbrennungsmotoren und Kraftfahrwesen der Universität Stuttgart. Springer Vieweg, Wiesbaden, 2016.

[102] Alexander Merkel: *Klima und Wetter in Stuttgart.* Hrsg. von AM Online Projects. URL: `https://de.climate-data.org/location /129555/` (besucht am 03.12.2017).

[103] EnBW AG: *Die EnBW-Ladestationen.* URL: `https://www.enbw.co m/privatkunden/energie-und-zukunft/e-mobilitaet/lade stationen/index.html` (besucht am 01.09.2014).

[104] StreetScooter GmbH: *Technische Daten des Fahrzeugs StreetScooter Work.* Hrsg. von StreetScooter GmbH. URL: `www.streetscooter.e u/produkte/work` (besucht am 06.01.2018).

[105] Gawlik, W., Koller, H., Norman, N. und Bolzer, A.: *ZENEM - Zukünftige Energienetze mit Elektromobilität: Abschlussbericht.* Hrsg. von Techn. Universität Wien. URL: `www.ea.tuwien.ac.at/fileadmin /t/ea/projekte/ZENEM/ZENEM_829953_publ_Endbericht_fin al_130919.pdf` (besucht am 06.01.2018).

Anhang

Tabelle A.1: Relevante Messgrößen der MB B-Klasse ED zur Parametrisierung der Antriebsstrangsimulation

Bezeichnung	Einheit	Messtechnik
Altitude	m	extern
Bremspedalstellung	%	intern
Fahrpedalstellung	%	intern
Geschwindigkeit	m/s	intern
Gierrate	°/s	intern
Ladezustand HV-Batterie	%	intern
Latitude	°	extern
Längsbeschleunigung	m/s^2	intern
Lenkwinkel	°	intern
Longitude	°	extern
Odometer	km	intern
Querbeschleunigung	m/s^2	intern
Spannung HV-Batterie	V	intern
Strom HV-Batterie	A	intern
Temperatur HV-Batterie	°C	intern
Umgebungstemperatur	°C	intern
Zeitstempel	s	extern

Tabelle A.2: Technische Daten des Simulationscomputers

Hersteller	Fujitsu
Modell	Lifebook E753
Prozessor	Intel(R) Core(TM) i7-3632QM
Arbeitsspeicher	8 GB-RAM
Festplatte	Samsung SSD 850 PRO 512 GB
Grafikeinheit	Intel(R) HD Graphics 4000
Betriebssystem	Windows 10 Pro (64-Bit)

© Springer Fachmedien Wiesbaden GmbH, ein Teil von Springer Nature 2019
R. Pfeil, *Methodischer Ansatz zur Optimierung von Energieladestrategien für elektrisch angetriebene Fahrzeuge*, Wissenschaftliche Reihe Fahrzeugtechnik Universität Stuttgart, https://doi.org/10.1007/978-3-658-25863-4

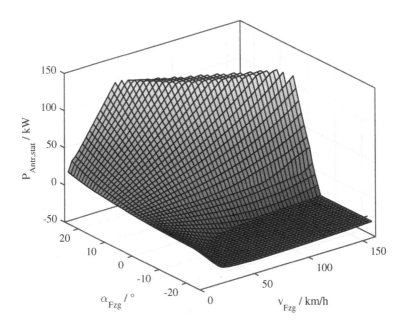

Abbildung A.1: Leistungskennfeld stationär der MB B-Klasse ED, simulativ mittels der DVS ermittelt

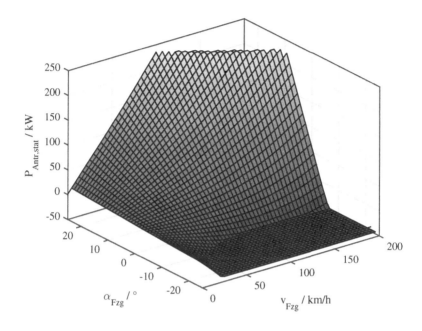

Abbildung A.2: Leistungskennfeld stationär des Tesla Roadster, simulativ mittels der DVS ermittelt

Printed in the United States
By Bookmasters